国際共生社会学

東洋大学国際共生社会研究センター 編

朝倉書店

執筆者 (執筆順)

北脇　秀敏 (きたわき ひでとし)	教授 (環境衛生学)	〔1章, 付録〕
髙橋　一男 (たかはし かずお)	教授 (社会学)	〔2章〕
松本　尚之 (まつもと ひさし)	助教 (文化人類学)	〔3章〕
池田　誠 (いけだ まこと)	教授 (公共政策学)	〔4章〕
金子　彰 (かねこ あきら)	教授 (社会資本計画)	〔5章〕
吉永　健治 (よしなが けんじ)	教授 (国際協力論)	〔6章〕
松園　俊志 (まつぞの しゅんし)	教授 (旅行産業学)	〔7章〕
堀　雅通 (ほり まさみち)	教授 (交通経済学)	〔8章〕
片山　恵美子 (かたやま えみこ)	特定非営利活動法人ブリッジ エーシア ジャパン	〔9章〕
秋谷　公博 (あきや きみひろ)	助教 (都市計画)	〔10章〕
藤井　敏信 (ふじい としのぶ)	教授 (地域計画)	〔10章〕

(所属：東洋大学国際地域学部，同国際共生社会研究センター)

刊行によせて

　東洋大学においては,「共生学」という新しい学問体系を構築する試みに全学をあげてチャレンジしています．哲学，歴史学，社会学，法学，経済学，地域計画学，環境学など，多彩な分野の教員が参画し，次世代地球社会のための「共生哲学」を求める活動と言うこともできます．「共生学」が学問の体系として成立していくためには，理論的な構造モデルとそれを確かめる実験的な検証の組合せが必要となりますが，一方で「共生学」は，現実の社会のあり方に直接関係してくるので，実際の場で実験を行うことは難しいことになります．そこで，実験の代わりに使われる方法としては，現実に起きていることを観測し，記述していくことが大事になります．

　また,「共生学」は現実の社会で生じている問題の解決を求めるものでなければなりませんので，大変実践的な学問である必要があります．その意味で,「共生学」は理論的研究，観測に基づく実証的研究，現状分析的研究，問題解決的研究のすべてを統合していくような方法論をもたなければなりません．このような特徴をもつ「共生学」を体系化していくことは大変難しい課題ではありますが，東洋大学ではいくつかのグループが多様に取り組んでいる大きなテーマでもあります．

　たとえば，東洋大学の哲学と社会学の分野からは，東京大学を中心とした「サステイナビリティ学連携研究機構（IR3S）」に参画しています．このテーマは，地球環境問題や人間の安全保障の問題に代表される地球・資源・社会・人間システムとその相互関係の持続可能性（サステイナビリティ）の条件を総合的に求めようとするものですが，その中で東洋大学は，共生学の立場から環境との共生の基礎となる哲学「エコ・フィロソフィ」の提言を行う研究を始めています．

　本書の編者にかかわったメンバーは，東洋大学大学院国際地域学研究科内に設立された国際共生社会研究センター（文部科学省の私学高度化推進事業の一つであるオープン・リサーチ・センター整備事業に平成13年度採択，平成20年度まで継続）に所属しています．このセンターは「国際」,「共生」,「社会」の3つを

キーワードとする研究センターであり，国際的な関心の下で，「共生する社会」の主として事例を観測し，記述する活動を行ってきました．これまでに，朝倉書店より『環境共生社会学』（平成16年2月）と『国際環境共生学』（平成17年8月）の2冊を上梓しています．

本書は，『国際共生社会学』と題する書籍となりましたが，「共生学」の理論を展開するというよりは，前2巻の書籍と同様に，各種の現実の社会の中に生起している事例の中に「共生する社会」にかかわる観測と検証の結果を記述し，記録する役割を果たすものと位置づけることができます．そのような意味において，本書は日本における「共生学」の本格的な構築のさきがけとなる過去8年間の研究成果をまとめたものであり，「共生学」の構築へ向けた大きな試みであることを理解され，各界において広く読まれることを期待するものです．

なお，本書の編集にあたっては，国際共生社会研究センターの北脇秀敏センター長，坂元浩一教授，松本尚之助教（平成19年度までセンター研究助手）の献身的な努力があったことに感謝するものです．また，この間の3巻の書籍の出版に関してご協力いただいた，朝倉書店の関係者に対しても感謝の意を表します．最後になりますが，延べ8年間にわたってオープン・リサーチ・センター整備事業に採択された研究活動が多くの成果を挙げて，一つの区切りを迎えることは，採択時の代表者としてかかわった筆者にとっても晴れがましい思いをもつところであります．関係者の継続されたご支援に改めて感謝申し上げます．

2008年7月

東洋大学学長　松　尾　友　矩

は じ め に

　「国際共生社会」を考える際には，世界に存在する様々な「対立」を念頭に置く必要があるのではないだろうか．有史以来続いてきた宗教対立，第二次大戦後の冷戦時代に象徴されるようなイデオロギーの対立，現在の先進国と途上国との対立の原因となっている貧富の差，資源をめぐっての国家間の対立など数多くの対立の軸がある．こうした対立があることを認めた上で双方が納得できる落としどころを求めていく過程が「共生」であろう．対立の軸を時間軸に取って考えると，「環境と開発に関する世界委員会」（委員長：ブルントラント・ノルウェー首相（当時））が1987年に公表した報告書「Our Common Future」の中で示した「現在の世代の欲求を満たしつつ，将来の世代の欲求も満足させるような開発」と定義される「持続可能な開発」の概念は現在の世代と将来の世代との共生を模索したものといえるだろう．

　現在の世界における懸念材料は，上記の対立に加え温暖化等の気候変動，オゾン層の破壊等の地球環境問題，エネルギーや水を含む各種資源の枯渇問題など様々なことが考えられる．これらの問題の多くは国際的に共生が可能な社会，すなわち「国際共生社会」を形成することにより解決できることも多いはずである．本書では各研究員が様々な専門の観点からこの共生に取り組んだ成果を下記のようにとりまとめている．

　本書の第1部「国際共生社会の広がり」は1章〜4章からなる．1章では，洪水に備えた居住空間の形成，感染症の伝染ルートとフィールドにおける洪水時の下痢症の発生の様子，水供給と衛生設備の普及の歴史や現地で大きな社会問題となっている地下水中のヒ素による健康問題と適正技術を利用した対策とを示した．2章では，都市はどのような背景で形成されてきたのかを歴史的に概観した．また今日のようなグローバリズムの拡大の中で生じている貧困層を含む都市コミュニティの現状と開発プログラムを紹介して，その開発の問題と住民のエンパワーメントの最近の動向について論じた．3章では，「共生」という概念をめぐる多様な含蓄のなかでも，とくに多民族共生（多文化共生）に焦点を当てた．

また多民族共生社会を実現するひとつの方策として関心を集めている「多文化主義」に関して，途上国，とくにアフリカ諸国への応用を論じた．4章においては，地域の人々とともに問題を調査・分析し，パソコンを用いて問題の構造を明らかにし図化する手法と，その結果をもとに模擬実験によって様々な条件や効果を確かめる手法を紹介した．

第2部「国際共生社会の新たなパラダイムに向けて」は5章～7章からなる．5章では国際共生社会を形成するための国や地域が相互に協調することの重要性に鑑み，先行事例について整理した．また国境をまたぐ地域のパターンを類型化して分析し，北東アジアにおける国境をまたぐ地域の協調した地域開発実現のための方策について提案した．6章では生物多様性とエコシステム・サービスによる便益フローに関して議論し，生物多様性とエコシステムの持続可能な利用と保全がMDGs（国連ミレニアム開発目標），とくに貧困削減へ貢献することを指摘した．7章においては，旅行業界が25%にのぼる消費者に渡ることのないパンフレットを制作し続けてきている現状を分析して，その対策を検討した．

第3部「国際共生社会実現の手法」は8章～10章からなる．8章では環境共生社会の形成に向けた交通政策の課題という視点から，公共交通サービスについて，とくに環境に優しい交通機関として鉄道の役割を考察した．具体的にはスウェーデンの事例を取り上げ，公共性の担保措置を前提に競争原理の導入を図った交通政策と鉄道改革の展開を分析した．9章では，NGOによるベトナム貧困地域での活動事例より，子どものエンパワーメントを通した地域社会開発といった手法が「環境との共生」，「異なる世代との共生」，「地域同士の共生」といった点で共生社会の構築にどのように寄与しているかを分析した．10章では，タイの都市におけるコミュニティ開発の事例を紹介し，開発手法の可能性に着目しつつ，持続的で共生的な都市環境形成につながる方法論を検討した．

なお本書の編集責任者は坂元浩一教授にお願いした．朝倉書店編集部には，原稿の遅れ等でご迷惑をおかけしたにもかかわらず本書が上梓されるまでていねいな対応をいただいたことに感謝している．

2008年7月

東洋大学大学院国際地域学研究科委員長
東洋大学国際共生社会研究センター長　　北脇秀敏

目　次

[第1部　国際共生社会の広がり]

1. 水との共生—バングラデシュの事例— ·· 2
   1.1　はじめに ·· 2
   1.2　バングラデシュの国土と水 ·· 3
   1.3　生活空間と洪水 ·· 4
   1.4　水供給と衛生上の課題 ·· 7
   　　1.4.1　途上国の水供給と衛生に関係する感染症 ······························ 7
   　　1.4.2　バングラデシュの水供給と衛生 ······································ 9
   1.5　適性技術を用いたヒ素対策技術普及の努力 ·································15
   　　1.5.1　適性技術とは ···15
   　　1.5.2　ヒ素除去モニタリング適性技術の開発 ·······························16
   1.6　おわりに ···19

2. コミュニティ開発とエンパワーメント—社会運動としてのコミュニティネットワークの視座から— ···21
   2.1　はじめに ···21
   2.2　都市の成立 ···21
   2.3　都市がかかえる問題 ···23
   2.4　コミュニティとは ···24
   2.5　タイにおけるコミュニティ開発 ···26
   2.6　タイにおけるコミュニティ開発推進組織 ···································27
   2.7　CODIのコミュニティ支援活動 ···28
   2.8　コミュニティネットワークを通した地域づくり ·····························30
   2.9　ネットワークの捉え方 ···32
   2.10　社会運動としてのコミュニティネットワーク ······························33
   2.11　おわりに ··35

3. 国民統合から多民族共生へ—途上国における多文化主義政策の現状と課題—······37
　3.1　はじめに······37
　　3.1.1　ヒトとヒトとの共生······37
　　3.1.2　政治と文化の結びつき······37
　3.2　多民族共生社会の歴史的背景······39
　　3.2.1　植民地支配と国家······39
　　3.2.2　「国民国家」から「多民族共生」へ······40
　3.3　アフリカにおける多文化主義政策······41
　　3.3.1　ポスト植民地時代の「首長位の復活」······41
　　3.3.2　多民族国家ナイジェリア······42
　　3.3.3　ナイジェリアにおける「首長位の復活」······43
　3.4　アフリカ式多文化主義政策の問題点······44
　　3.4.1　「首長位の復活」をめぐる諸問題······44
　　3.4.2　「首長位の復活」と非集権性社会······45
　3.5　おわりに······49
　　3.5.1　コンフリクト・マネージメントとしての多文化主義······49
　　3.5.2　伝統の維持と文化的自由······50

4. 国際共生社会システムのモデリングとシミュレーション—システムダイナミクスによる地域づくりの方法と事例—······53
　4.1　地域モデルの背景······53
　　4.1.1　モデリングとシミュレーションの種類······53
　　4.1.2　モデリングとシミュレーションの入門ソフト······53
　　4.1.3　SDの歴史······54
　　4.1.4　簡易ST/SD入門ソフトSimTaKN······55
　4.2　問題の概念的整理と構造化······56
　　4.2.1　文章化（物語化）とキーワード抽出・カード化······56
　　4.2.2　KJ法的整理と系統樹法······57
　　4.2.3　マトリクス法······58
　4.3　システム思考（ST）······58

4.3.1　ステップバイステップ ……………………………………………59
　　4.3.2　因果ループ図（CLD） …………………………………………59
　　4.3.3　時系列変化図（BOT） …………………………………………60
　　4.3.4　イメージモデリング ……………………………………………61
　　4.3.5　モデル方程式 ……………………………………………………61
　　4.3.6　問題の因果関係と政策効果のイメージ ………………………62
　4.4　システムダイナミクス（SD）………………………………………64
　　4.4.1　総務省 DB 活用地域 SD モデル ………………………………65
　　4.4.2　全国参照 SD モデル ……………………………………………65
　　4.4.3　全国参照モデルの使用例 1（1 時点データでの利用）………66
　　4.4.4　全国参照モデルの使用例 2（地域 SD モデルを用いた利用）………68
　4.5　おわりに ………………………………………………………………68

［第 2 部　国際共生社会の新たなパラダイムに向けて］
5. 国境をまたぐ地域開発による地域の安定化への貢献—ボトムアップによる地域の安定化の道— ……………………………………………………72
　5.1　はじめに ………………………………………………………………72
　　5.1.1　なぜ国境をまたぐ地域開発が求められるのか …………………72
　　5.1.2　本章の流れ ………………………………………………………73
　5.2　国境をまたぐ地域開発への取組みの事例 …………………………73
　　5.2.1　これまでの取組みの事例 ………………………………………73
　　5.2.2　EU における取組み ……………………………………………74
　　5.2.3　大メコン圏における取組み ……………………………………76
　　5.2.4　中国辺境開放地区 ………………………………………………77
　5.3　これまでの取組みの成果と得られた教訓 …………………………78
　　5.3.1　EU における取組みの成果と北東アジアへの教訓 ……………78
　　5.3.2　その他の事例の成果と北東アジアへの教訓 …………………79
　5.4　国境をまたぐ地域の開発のモデル化 ………………………………79
　　5.4.1　国境をまたぐ地域の現状のモデル ……………………………79
　　5.4.2　現状のモデルにみる北東アジアの課題 ………………………81
　5.5　国境をまたぐ地域開発の実現に向けて ……………………………82

5.5.1　課題への対応 …………………………………………………82
　　5.5.2　国境をまたぐ地域開発の実現への提案 ……………………83
　5.6　おわりに ………………………………………………………………84

6. **生物多様性とエコシステム・サービスによる便益フロー―公正な便益の配分と貧困削減への貢献―** ……………………………………86
　6.1　はじめに ………………………………………………………………86
　6.2　生物多様性およびエコシステムと人間の活動 ……………………87
　　6.2.1　不可分の関係 …………………………………………………87
　　6.2.2　地域社会の共有財産 …………………………………………88
　　6.2.3　保全と開発パラダイムの変化 ………………………………88
　6.3　生物多様性と国際制度 ………………………………………………89
　　6.3.1　国際制度：CBD と TRIPS …………………………………89
　　6.3.2　遺伝資源と多国籍企業 ………………………………………91
　6.4　エコシステム・サービス機能と便益フロー ………………………92
　　6.4.1　エコシステム・サービスとは ………………………………92
　　6.4.2　エコシステム・サービスによる便益フロー ………………93
　　6.4.3　エコシステム・サービスの変化 ……………………………94
　6.5　便益フローの価値評価と便益の配分 ………………………………95
　　6.5.1　生物多様性とエコシステムの価値と評価 …………………95
　　6.5.2　生物多様性へのアクセスと公正な便益の配分 ……………97
　　6.5.3　エコシステム・サービスに対する支払いフローの確立 …98
　6.6　貧困削減のための生物多様性の利用と保全 ……………………100
　　6.6.1　生物多様性と MDGs の達成 ………………………………100
　　6.6.2　生物多様性の持続可能な開発 ………………………………101
　　6.6.3　国際社会のインプリケーション ……………………………102
　6.7　おわりに―持続可能な利用に向けての public awareness の向上― … 103

7. **環境共生社会を目指す旅行業の課題―販売用メディアの問題点―** ……… 106
　7.1　はじめに ……………………………………………………………106
　7.2　旅行会社の産業構造 ………………………………………………106

7.3 旅行業法上の枠組 …………………………………………………… 107
7.4 IT 利用によるコスト削減 …………………………………………… 109
7.5 パッケージツアー（募集型企画旅行）の仕組みと環境問題の課題 … 109
7.6 ネット環境下での販売策 …………………………………………… 111
7.7 JTB グループの環境対策の事例 …………………………………… 112
7.8 おわりに ……………………………………………………………… 113

[第3部　国際共生社会実現の手法]
8. 環境共生社会の形成に向けた交通政策と鉄道改革──スウェーデンの事例を参考に── ……………………………………………………………… 116
  8.1 はじめに ……………………………………………………………… 116
  8.2 公共交通サービスの特性 …………………………………………… 116
    8.2.1 利用可能性 ……………………………………………………… 116
    8.2.2 公共性と市場介入 ……………………………………………… 117
  8.3 公共交通政策の転換 ………………………………………………… 118
    8.3.1 内部補助体制の崩壊 …………………………………………… 118
    8.3.2 公共性と企業性 ………………………………………………… 118
    8.3.3 鉄道改革 ………………………………………………………… 119
    8.3.4 構造分離 ………………………………………………………… 120
    8.3.5 公共政策と競争政策 …………………………………………… 120
  8.4 スウェーデンの鉄道改革と公共交通政策 ………………………… 121
    8.4.1 1988年の鉄道改革 ……………………………………………… 121
    8.4.2 地域化 …………………………………………………………… 123
    8.4.3 ソシオ・エコノミーとビジネス・エコノミー ……………… 124
    8.4.4 参入自由化・外部補助 ………………………………………… 125
  8.5 スウェーデンの交通環境政策 ……………………………………… 126
    8.5.1 持続可能な社会──「緑の福祉国家」── …………………… 126
    8.5.2 1998年交通政策法 ……………………………………………… 126
    8.5.3 環境費用の負担 ………………………………………………… 127
  8.6 プラグマティックな政策アプローチ ……………………………… 128

9. 共生社会構築に向けた子どものエンパワーメントを通した地域社会開発
―ベトナムにおけるNGOの活動事例から― ……………………… 130

9.1 はじめに ……………………………………………………… 130
  9.1.1 ベトナムにおける国際NGOの活動 ……………………… 130
  9.1.2 共 生 社 会 ………………………………………………… 130

9.2 NGOによるベトナム貧困地域における地域社会開発事業 ……… 131
  9.2.1 地域概要および事業概要 ………………………………… 131
  9.2.2 居住環境・衛生改善および環境教育活動のプロセス ……… 132
  9.2.3 都市と農村の連携に向けた取組み ………………………… 137

9.3 事業の効果と課題 …………………………………………… 139
  9.3.1 子どものエンパワーメント効果 …………………………… 139
  9.3.2 大人に対する効果 ………………………………………… 140
  9.3.3 「共生」という視点から …………………………………… 141
  9.3.4 事業の効果と課題 ………………………………………… 142

9.4 子どものエンパワーメントを通した地域社会開発の可能性 ……… 144

10. コミュニティネットワークを通したまちづくりの展開―タイ・アユタヤの事例より― ………………………………………………… 146

10.1 はじめに ……………………………………………………… 146
10.2 タイにおけるスラム政策の変遷 ……………………………… 149
10.3 アユタヤのコミュニティとネットワーク活動 ………………… 151
  10.3.1 アユタヤのインフォーマルコミュニティの概要 …………… 151
  10.3.2 アユタヤのインフォーマルコミュニティの居住特性 ……… 152
  10.3.3 アユタヤのネットワークの組織化 ………………………… 153
  10.3.4 アユタヤのネットワーク活動 …………………………… 154

10.4 コミュニティネットワークに支援されたスラムの住環境整備事業 … 156
  10.4.1 アーカンソークロッコミュニティの住環境整備事業 ……… 156
  10.4.2 住環境整備における関係主体の変化 …………………… 157
  10.4.3 開発のプロセスの段階的変化 …………………………… 159
  10.4.4 コミュニティ開発の不連続性について ……………………… 160

10.5 ネットワーク活動に見るボトムアップ型開発の可能性 ………… 161

東洋大学国際共生社会研究センターについて……………………………………… 164
東洋大学国際共生社会研究センターの7年間の歩み…………………………… 166

索　引………………………………………………………………………………… 169

第1部
国際共生社会の広がり

1. 水との共生
―バングラデシュの事例―

1.1 はじめに

　水は命の源であり,人間が生存するために必須なものである.水資源をめぐっての争いは古来後を絶たない.一方で水は台風や洪水のような自然災害をもたらし命と財産を脅かすこともある.人間が環境と,または人間同士で共生するためにはコミュニティから国際社会に,また生活環境から地球環境に至る様々なレベルで水をキーワードにした共生社会を考える必要がある.本章ではこうした観点から最も水との縁が深いバングラデシュを例にとり話を進める.

　バングラデシュは農村人口が2004年時点で約75%を占めており[7],水により大きな恩恵を受けている.雨期には村落部で浮稲やジュート,さとうきびなどが栽培される.川が運んできた肥沃な土壌は冬の乾期には辛子菜（マスタード）などを栽培する広大な畑となる.

　一方で洪水は,道路を水没させ物流や経済に多大な影響を及ぼすとともにコレラや赤痢等の水系感染症を広める要因になる.1998年の大洪水や2007年の大型サイクロンの際には,バングラデシュは人的・経済的に大きな被害を受けた.また村落部で生活用水の汚染による感染症や飲料水として用いている地下水中に存在するヒ素の影響で住民が大きな健康被害を受けている.筆者はそのバングラデシュを1993年以来ほぼ毎年訪問し,水と衛生の問題を研究している.その間1990年代には学校衛生に関する研究,2000年頃からは地下水中のヒ素による健康被害の緩和に取り組んできた.またその調査の過程で水害や水系感染症に悩まされつつ水を受け入れ,水と共生する住民の様子も目の当たりにしてきた.この章では村落部におけるフィールドワークを通じて得られた様々な経験をもとに,水と共生するバングラデシュの人々の水との関わりを考えたい.合わせてバング

ラデシュの状況を考察する上で欠かせない感染症や適正技術に関する知識についても触れ，最後にバングラデシュがその一員である国際社会の共生のあり方も考えてみたい．

1.2 バングラデシュの国土と水

バングラデシュ人民共和国はインドとミャンマーとに国境を接し南のベンガル湾に面する面積約 147,570 km^2 の国である[1]．国土面積が日本の4割以下であるのに対し人口は約1億4千万人（2005年）と日本の人口を上回っており，きわめて人口密度が高い国である．1人当り名目 GDP は 415 ドル（2006年）であり，最貧国の一つである．

またバングラデシュは水が運んできた国であるといえる．国土の約3分の2がガンジス（現地名 Padma），ブラマプトラ，メグナなどの大河が運んできた粘土やシルトが堆積してできた沖積層やデルタ地帯の堆積層である[3]．毎年夏のモンスーンシーズンになると国土の何割もが1～2か月間水没する．1998年の大洪水はこの100年で最悪のもので，65日間以上にわたり国土の4分の3の約10万 km^2 が冠水し，インフラをはじめとする施設や経済・国民生活に大被害をもたらした．この原因はガンジス川およびブラマプトラ川上流の高地に降った豪雨による影響に加え，都市化による氾濫原の減少，沿岸部の高潮（9月10日に +5.52 m を記録）による河川の流下能力の減少，土砂の堆積による河床の上昇，ベンガル湾で起きた地震等の影響があげられる．こうした洪水は上流のインド領にあるダム内の水が国内の洪水対策のために雨期に放流されるということにより輪をかけてひどくなるという．また 2007 年 11 月には大型サイクロン・シドゥルが南部を襲い，4,000 人以上が死亡・行方不明となる被害を出している．バングラデシュにはこのような水による災害がある一方，水が生活用水や農業などの面で人々の生活を支えている．

バングラデシュの平坦地では地面を掘っても粘土やシルトばかりであるため「石ころを見たことがない人がいる」という冗談めいた話もあるくらいである．このためコンクリート構造物の骨材や舗装道路の路盤等となる砂利がなかなか入手できないことが，インフラ整備の観点からは制約要因となってきた．そのため粘土から煉瓦を焼いたうえで金槌で砕き，骨材として使用してきた．イギリス植

民地時代の建物を壊してもコンクリートの中から煉瓦が出てくる．このような煉瓦を砕いて骨材を作る作業は，都市周辺部の貧困層にとって貴重な収入源となってきた．炎天下に日傘をたてた下で数十人が黙々と煉瓦を砕く様子は壮観である．金槌をもてればさほど大きな腕力を要しないこの作業は，とくに女性と子どもの収入向上に役立っており，少ないながらも収入を大勢で分け合うという意味で適正技術でもある．しかし河川を利用して山岳部の河川の栗石が首都ダッカ周辺に運搬されるようになると，煉瓦に加えて石を割る姿も増えてきた．さらに堅い石を効率よく割るために2000年頃から機械式の砕石機が見かけられるようになってきた．これは人口増加が著しいダッカ市の骨材需要を満たすことには貢献しているが，砕石機をもつ資本家が育つ一方，大勢の貧困層が失業し，貧富の差の拡大にもつながると懸念される．

1.3 生活空間と洪水

次に，典型的なバングラデシュ村落部の生活空間を見ることにする．1998年の大洪水の前の乾期とモンスーン時期の違いを見るため，一般的な農村である南ナランディア村（Narandia Union, Daudkandi Thana, Comilla District, Bangladesh）を2度訪問し，定点観測を行った．図1.1は1997年12月の乾期に現地を歩いて作成したものであるが，これに翌1998年8月の大洪水時の浸水区域を斜線で合成し，さらに河川による浸食部分をクロスハッチで示した．村の古老への聞き取り調査によると，村人がこの地に移り住んできたのは18世紀の初頭であった．土地が低地であるため，盛り土をして家を建て新しい集落を作り，モスクを作った．ところがこの村は河川に面しているため，その浸食により村の地形が変化してきた．そのため川の左岸（東岸）にあったモスク（イスラム教の寺院で村の中心に必ず建てられている）は川による浸食により倒壊の危険にさらされたため，1963年に川の右岸（西岸）に移築され，隣に現在の南ナランディア小学校の建物が1987年に建設された．このように村は川の蛇行による浸食から逃れるように，徐々に西方に移動してきたという歴史がある．

バングラデシュ村落部では伝統的にバリ（現地語で「家」の意味）と呼ばれる，親戚が集まって小さな集落を作り一種の拡大家族を形成する居住形態をとっている．ある家で息子が大人になると結婚して，近隣に小規模な住宅を建てて住

むことにより自然に形成されるもので，小さな広場を囲んで家が立地することが多い．図1.1中の1点鎖線はバリの境界を示している．

　村落部の住宅では平らな地面の土を切り，家を建てる場所に盛り塚を作る．こうした土を盛り上げてできた塚は高水位でも水没せず，長期間にわたる洪水時にも住居内で生活が可能になる．ちょうどわが国で古くから洪水に悩まされてきた栃木県から埼玉県にかけての渡良瀬川・利根川流域に見られる水塚（みづか：洪水時の避難所と倉庫とを兼ねた建物が建てられている）のようなものである．洪水多発地帯である南ナランディア村では，モンスーン期（7〜10月）に備えて地面を切り盛りし，数か月後に地盤が落ちつくと竹を柱に，土を壁材として塗り家を建てる．図1.1に示す集落の中心部にある池と西部の農地の中に島状に盛り土された土地は，このようにして形成されたものである．

　一方土を切ってできた池の水は長らく村人の生活用水になってきた．池は乾期に生活用水として利用する水を確保する溜め池として利用され，生活に活かされてきた．土を切り盛りすることにより，水から避難する場所と乾期の水源の両方を手に入れることができる便利な方法である．1960年代頃まではこの溜め池の水を水浴や洗濯など様々な用途に用いてきた．またこの池に魚を飼い，さらに池の上に水上便所（オーバーハングラトリン）を作った．池の上に便所を作るとし尿中の窒素とリンで植物性プランクトンが増殖し，魚のえさとなるため魚が何倍も早く成長するという．この魚は乾期の終わりに人間が食べ，雨期には洪水で池全体が水没するため流れてきた魚が自然に池に取り残されて乾期の間溜め池で成長するという，まさに自然のサイクルにあった生活をしていた．

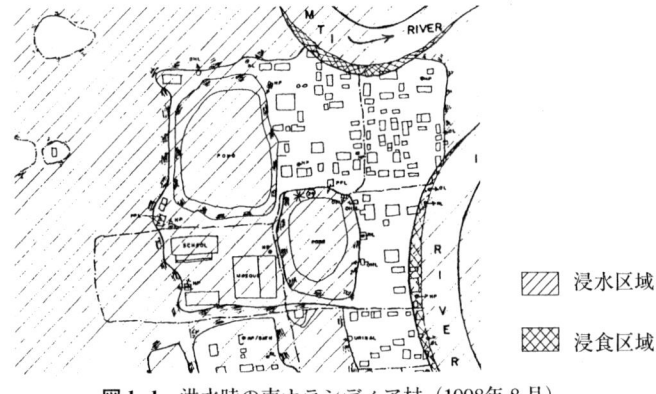

図 1.1 洪水時の南ナランディア村（1998年8月）

モンスーン時期にはバングラデシュは全国的に洪水になる．サイクロンによる被害を別にすると，洪水といっても高潮や堤防の決壊によって急激に水が押し寄せる flood ではなく，毎日 5 cm ずつ水位が上がり，長期間水没する inundation と呼ばれるものである．雨期には図 1.1 に示すように洪水時には土を盛り上げた区域がかろうじて水面上に出る状態であり，川の蛇行により数件の家屋の敷地が削り取られていることがわかる．ただし日本の河川災害のように急な出水のために家屋が流されるというわけではなく，次のモンスーンシーズンに川が蛇行することを予想してあらかじめ家屋を川から遠いところに建て替えておくのが普通である．

　国土のかなりの部分が河川の氾濫原といえるバングラデシュでは，堤防で河川の動きを抑制しようとするのではなく，川の動きに合わせて住む場所を変える．日本では災害といえることも懐深く受け入れ，川と共生する構えである．ただし河川が自由に流路を変えるため農地の境界が曖昧となり土地争いに発展することもあるという．また現在，流路の真下の水面下に沈んでいる土地にも所有者がおり，川が再び流路を変えて地面が出てくると耕作を始めるという．その場合農地が水面下にあるときも土地の所有税を支払い続けておかなければならないという．河川の管理がきわめて厳格な日本では想像できない話である．

　これに対して，サイクロンによる被害は急激かつ激烈である．2007 年 11 月にバングラデシュを襲った大型サイクロンの被災地を同年 12 月に調査した．調査地点はバングラデシュで人が住んでいる区域としては最南部で「美しい森」と呼ばれるマングローブ林との境界付近のサトキラ県のガルラ村である．堤防が決壊し最大水深 6 m にも達し，家屋も流されたが鉄筋コンクリートで建設されたサイクロンシェルター（普段は小学校の建物として使用）に避難して何とか死者は出さずに済んだという．2008 年 5 月に隣国ミャンマーをサイクロンが襲った際にこのような施設があれば被害を軽減できたものと考えられる．村を訪問した際には住民総出で水田の土を 30 cm 角の大きさに切り，頭の上に載せて堤防に盛る工事を行っていた．また土壁作りの家には同じく粘土を塗り修復を進めていた．被害をもたらした川が運んできた泥で堤防や家を修復し，倒木は薪にして燃料として使用する．水にまつわる災害が多発しているだけに，水害からの立直りは日本より早い．住民は水とも災害とも共生するすべを知っているかに思える．

1.4 水供給と衛生上の課題

1.4.1 途上国の水供給と衛生に関係する感染症

　サニテーション（環境衛生）は，人間の環境と衛生に関わる実に広い分野を言い表す用語である．従来，し尿・排水やごみなどの廃棄物の衛生的な処理・処分，媒介昆虫等の駆除，居住空間や学校の環境改善，食品衛生などに関わる分野がこれに当たるとされてきた．これに水供給（water supply）を加えた water supply and sanitation は開発途上国の基本的人間ニーズやプライマリ・ヘルスケアの重要な要素としてとらえられている．さらに広義の「環境衛生」としては室内空気汚染，化学物質安全性，騒音・振動，電磁波，労働安全などを含む幅広い概念である．

　開発途上国においては水供給設備と環境衛生が十分でないため，し尿・排水等に起因する飲料水の汚染など水に関連した感染症が蔓延している．ここではこれらの問題を概観し，途上国における衛生上の問題点を提起したい．なお，水に関係する多くの感染症は，わが国では既にその多くが解決済みではあるが，上下水道，廃棄物処理等に不備があると同様の感染症が流行することが懸念される．

　環境衛生の観点からは感染症の原因となる病原体自身を研究することよりも，病原体がどのようなルートで伝搬するかを知ることの方が重要である．感染症の伝搬経路を知り，それを断ち切ることにより予防することができる．感染症の「予防」は「治療」より重要であり，安全な水の供給と適切なし尿処理はきわめて有効な予防手段である．衛生教育においては「同じ額を支出するのであれば病気になって薬を買うより予防手段に投じた方が，そもそも病気で苦しまずに済むだけましである」と説得すると多くの人は納得する．

　生活用水や水資源の観点から感染症の伝染ルートを分類すると，①糞便等により汚染された飲料水，食料等により伝搬される下痢症，A型肝炎など，②十分で清潔な水による水洗により防除可能な病気（皮膚病，眼病，ノミやシラミが媒介する感染症など），③寄生虫の中間宿主が水中に住むもの（住血吸虫，メジナ虫症など），④水中で繁殖した蚊などの媒介動物によるもの（マラリア，フィラリア症）などがある．

　また，し尿や排水の処理に不備があると，飲料水のみならず食料，土壌，水環

境などが感染症の原因となる病原体に汚染され，実に様々なルートで病気が伝搬される．加えて，し尿や排水の農業・水産利用といった意図的な生産活動により環境の汚染が起こることもある．し尿に起因する感染症を6つの伝染経路に分類したものが図1.2である．図中のⅠ～Ⅵを以下に解説する．なお図中にある「衛生設備によるバリヤー」は，バリヤーの幅が広く描かれているほどトイレ等の衛生設備の整備による効果が大きいことを表している．

Ⅰ．糞便中の病原体（細菌以外）が経口感染するもの

　直接ヒトからヒトへと移るもので，ウイルス，原生動物，蠕虫(ぜんちゅう)などが病原体となる．し尿処理だけでは防除が難しく，身のまわりをきれいにするような衛生教育等が必要になる．

Ⅱ．糞便中の細菌が経口感染するもの

　環境中で容易に死滅しない細菌などによる感染症は，もちろん直接ヒトからヒトへと伝搬される一方，水や食物など生活環境を介して伝搬される危険がある．また動物の排泄物を介してヒトに感染するものもある．

Ⅲ．土壌経由で感染する蠕虫類

　し尿中の寄生虫が土壌や作物表面などに付着し，ある程度時間が経過してからヒトの体内に侵入するタイプの寄生虫症である．土壌中にいる鉤虫(こうちゅう)（足裏より侵入）や野菜表面にいる回虫などがある．

Ⅳ．豚・牛に寄生する条虫

　適切な処理がされていないし尿が牛や豚の飼料を汚染した場合，し尿中の条虫

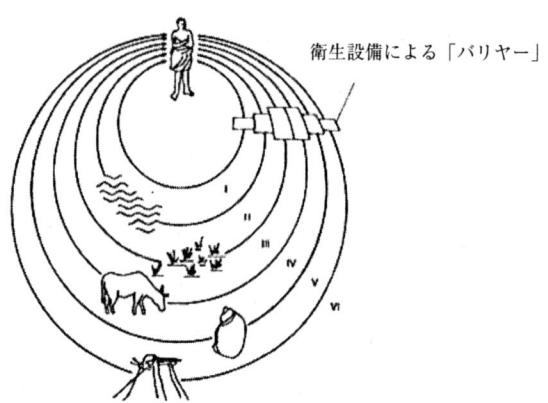

図1.2　し尿に起因する感染症の伝搬ルート[3]

卵により家畜が感染する．その肉を生焼けで食べるとヒトが感染する．適切なし尿処理と食品衛生とが必要になる．
V．水中に中間宿主がいる寄生虫

巻き貝が中間宿主となる住血吸虫症はその代表的なものであるが，し尿が水環境に入らないよう衛生設備を作ること以外に，中間宿主を減少させ，伝染ルートを住民に教える衛生教育などの多角的な対策が必要である．
VI．水中で繁殖する媒介昆虫

イエカ属のように汚染された水で生育する蚊は，簡易水洗便所の腐敗槽などで繁殖しフィラリア症を媒介する．

1.4.2 バングラデシュの水供給と衛生

a．バングラデシュの水供給　既に述べたように，村落部の伝統的な生活用水は長らく生活空間にあるため池の水であった．しかもそのため池に水上便所（overhung latrine）があり，し尿が流入している傍らで食器を洗っている風景をよく目にした．今でも排水が流れ込む池の水で口をすすいだり顔を洗ったりする人々が見かけられる．あるときため池の水で顔を洗っている少年がおり，見ているうちに少年が振り向くと片目が白く，失明しているのがわかったこともある．眼病は「水洗により防除可能な病気」であるので，清潔な水が十分に得られれば防げていたはずである．

　池の水を飲料水に使用していた村落部では，1950年代に衛生状況を改善するため，池の水を底に穴を開けた素焼きの壺に砂を入れた簡易濾過器（ピッチャーフィルター）で濾過し，バクテリアを除去するようになった．その後素掘りのdug well が作られるようになったが，浅い素掘り井戸は地表面や地下浸透式トイレからの汚染があり下痢症も多かったので，井戸掘り設備の普及とともに1970年代から深くて微生物汚染の懸念が少ない管井戸（tube well）が普及するようになった．現在のバングラデシュ村落部では，管井戸の普及によりほぼすべての住民に対して感染症に対しては安全な飲み水にアクセスすることができるようになっている．

b．地下水中のヒ素問題　インド・西ベンガル州で1983年にヒ素中毒患者が確認された後，バングラデシュでは1996年に患者が発見され，それ以降大きな社会問題となっている．ヒ素の由来や飲料水中への溶出に関しては諸説あるが，

飲料水中に含まれるヒ素を長期間摂取し続けた人に皮膚ガンなどの健康被害が出ている．地下水中のヒ素濃度が最も高い地域は，ガンジス川とメグナ川の合流点付近を中心とした広い範囲で，バングラデシュの飲料水基準であるヒ素濃度 0.05 mg/ℓ 以下（世界的な基準はその 5 分の 1）に対して 0.30 mg/ℓ を超える地域もある[2]．

　感染症に対して安全な管井戸はほぼ村落部全域に普及しているものの，飲料水中のヒ素が基準値を超えている場合を除外すると，2002 年時点で村落部では 72% しか安全な飲み水にアクセスができていないとされている[4]．ミレニアム開発目標ではこの率を 2015 年までに 96.5% に引き上げるとしているが，今後ヒ素除去装置の普及に当たっては多大な投資が必要になると考えられる．図 1.3 に，筆者らが測定したマニゴンジ県ギオール郡のバイカンタプール村の管井戸のヒ素濃度の分布を示す．

　公的機関によりヒ素濃度調査が終わった井戸には赤（ヒ素濃度が基準以上）または緑（基準以下）にペンキで着色され，赤色の井戸からの水は無処理では飲まないよう指導されている．しかし国中のすべての井戸について分析することは不可能であり，また必ずしも意味のあることでもない．なぜならば管井戸は比較的簡単に掘り直せるため，住民が頻繁に井戸の位置を変えたりすることや，周辺の地下水の使用状況や季節等によっては同じ位置にある井戸水中のヒ素濃度が変わることもあるからである．図 1.3 から，すぐ近くに設置されている井戸でも濃度

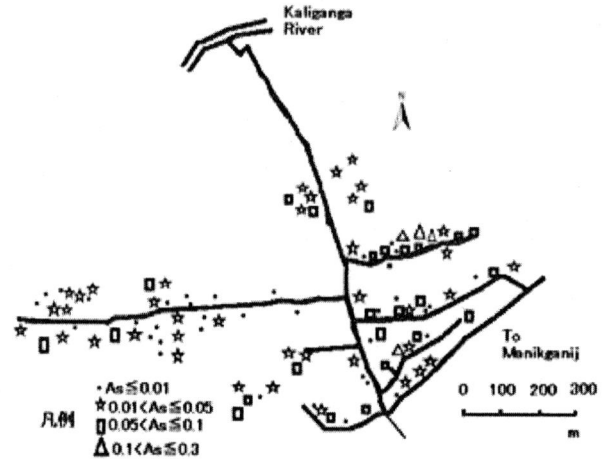

図 1.3　管井戸地下水のヒ素分布図[8]

がまったく異なっていることがわかるが，その主な原因は井戸の深さや使用頻度などにより地下水中のヒ素濃度が複雑な分布をしているからであると考えている[5]．

筆者はヒ素汚染が激しいとされる地域では，個々の分析結果に頼るのではなく安全を考えて口に入る水はすべて簡易な砂濾過等で処理してから飲むべきだと考えている．しかし以前は微生物汚染を避けるため，汲んだ地下水はできるだけ早く飲むようにと長い間指導してきた経緯があり，水の飲用という日常的な人間の行動を変えることは難しいためヒ素を除去していない水を飲む人も多いのが現状である．

c. バングラデシュのサニテーション　バングラデシュ村落部では昔から池や川の上にせり出し，し尿を水の上に排泄する水上便所（オーバーハングラトリン）が用いられてきた．これはため池内の魚の生育を助長する一方，水系感染症である下痢症が蔓延する原因となっていた．そこで衛生上の問題を解決するため，直径数十cmの円筒形コンクリートリングをトイレの下に置くことにより，し尿が環境中に出ないように改善したリングラトリンが出現した．改善事業が始まった1980年代には政府から補助金が出て住民組織やNGOがリングを製造し始め，そのうち出稼ぎ等で余裕のある家庭が衛生的なトイレを導入し始めた．これが一種のステイタスシンボルになったことと衛生教育が普及したことにより，補助金がなくても住民が進んで導入し，リングの商業化が進んで1990年代には衛生的なトイレが広く普及し現在に至っている．現在では村落部ではリング製造業者がその技術を活かして他のコンクリート製品の製造・販売も行っており，村落部における産業の一つにもなっている．リング製造業者にとっては衛生的なトイレを建設すると収益が上がるため，建設の推進者になってくれるという点が重要なポイントである．

なお，サニテーションが思わぬ効果をもたらすことがある．1990年代にUNICEFとともに小学校のトイレ改善の調査をしていた頃，「小学校にトイレを作ると人口増加率が下がる」という説があった．初等教育の拡大期には小学校では校舎は建てるがトイレがないところも多く，小学校高学年の女子児童が恥ずかしがって学校に通わなくなるケースがあった．学校に行かなくなった児童は家で過ごすため早婚となり多くの子供を産む．ところが小学校にトイレを作ると不登校であった子どもが小学校に復帰し，就学率が大幅に増加したといわれている．

小学校を無事終えれば中学校への進学率も上がり（かつては中等教育を受けている女子で未婚者には奨学金が出たという），晩婚になり出生率が下がるという理屈である．

このように，トイレ作りは地場産業の育成に加えて高学歴化による女性の地位の向上にもつながる．めぐりめぐって思わぬ効果が現れることを「風が吹けば桶屋が儲かる」というが，途上国開発の現場にも当てはまる言葉である．同様にかまどを改善して薪拾いに費やす時間が減った場合も，村に井戸を掘って水汲みの時間が短くなった場合も子供の就学時間を増やすことができ，同様の効果があるのではないかと考えられる．開発は現地に対する介入行為であり，それが長期的に見て正にも負にも作用することがある．そのため，開発が誰にいつどのようなインパクトを与えるのかのロジックを慎重に見極める必要がある．

なおバングラデシュ村落部の水と衛生施設の普及を考える際には政府やUNICEF等の国際機関のサポートに加えてコミュニティレベルでの地道な活動が大きな役割を果たしてきたと考えられる．村に井戸掘り（water）とトイレ作り（sanitation）のための委員会（WATSAN Committee）ができ，村の主立ったメンバーが井戸掘りやトイレ作りをサポートしてきた．それが一段落すると村落開発委員会（Village Development Committee）に，さらに常設組織としての住民組織（Community Based Organization; CBO）やNGOに発展してきた．CBOではコミュニティ内でのトイレ作りのためのパーツの製作や販売を行い，国内の主要NGOがそれを技術指導するという形で整備が進んできた．その結果村落部ではまず井戸掘りが，次にトイレ改善事業が商業化し，自立的に発展するに至っている．

一方，都市部に目を移すと首都のダッカ市では日本の無償資金協力で建設された下水処理場があり，池に汚水を長時間対流させるという安定化池法で下水を処理している．その下水処理場を1990年代後半に訪問したときに処理中の下水の中で衣服を洗濯し，体を洗っている住民を見かけた（図1.4）．また下水の中には牛の死骸が放り込まれており，しかもそれが動いている．よく見ると下から魚が食べており死んだ牛は魚の餌であることがわかった．その魚を大勢の住民が腰まで下水につかりながら網で採り，道ばたで売っていた．バングラデシュには経皮感染する住血吸虫症のリスクはないものの，こうした人々は他の多くの水系感染症の危険にさらされているといえる．このような悲惨な状況は都市スラムや公

図 1.4 下水で洗濯をする人々（筆者撮影）

的支援の及ばない不法居住（スクワッター）地域において適切な水供給が行われていないことや衛生教育の欠如，そして貧困などによるものであろう．

公的な支援が行えないスクワッター地域にはNGOが水と衛生施設の整備などが行われることもあるが，立退きを余儀なくされた住民が道路を封鎖したりするトラブルによく遭遇する．こうした地域は農村から職を求めて来る人により形成されることが多いため，排除しても再び職がある都心部近くのスクワッター地区に舞い戻ってくる．根本的な解決策は村落開発による農村の収入向上ではないだろうか．

d. 衛生教育と行動変容　適切な水供給とサニテーション，それに衛生教育はコミュニティレベルの健康を支える3つの柱であるといわれる．水道があってもその水で手洗いをしなければ，またトイレがあってもそれを使わなければ健康にはなれない．病原菌がどのように伝搬するのか（germ theory）を教え，それを理解させ，改善しようという意思をもち，最終的に行動を変えさせるために衛生教育はある．しかし理屈を理解することと，理解したことをもとに行動を変えるということは別であり，昔からの習慣を変えるほど難しいものはない．とくに水や衛生のように生活に密着した行動を変えるのはきわめて難しい．行動変容を必要とするような新しい技術をもち込んでも住民になかなか受け入れられないのはそのためである．卑近な例をいえば日本でも家庭のトイレをしゃがむ和式から座る洋式に切り替わるのに20年はかかったのではないだろうか．

しかし行動変容に必要なエネルギー以上のインセンティブが与えられれば，理

屈では行動を変えるはずである．それがうまくいかない一つの理由は金銭的な投資や時間の投入などの「今の努力」と「将来の健康」を比較しているからではないだろうか．例えばプロジェクトの投資効果を経済的に比較する際に用いられる現在価値法では，将来の価値を現在価値に直すと投資額を銀行に預けた場合の利子率で割り引いて考えなければならない．同様に考えると図1.5aのように今の努力と将来の健康とが同価値であったとしても，現在から将来の方を眺めると図1.5bのように手前の方（今の努力）が大きく見えて将来の健康が割り引かれて見えるのではないだろうか．とくに平均寿命の短い途上国では，将来の価値はかなり割り引いて認知されていると考えられる．将来のメリットを大きく認知させ，この「割引率」をなくすことが衛生教育の目的ともいえよう．なお，「持続可能な開発」は今の世代と将来の世代の共生と捉えることができるが，同様に図1.5（b）の割引率を環境教育により小さくし，今の世代が将来の世代を重要視して初めて達成できるものだろう．

e．バングラデシュの洪水と下痢症発生のメカニズム　　下痢症は水によって伝搬する病気の一つで，し尿中の病原体が水などを通じて広がり，飲料水や食料を汚染することが大きな伝搬経路である．モンスーン期の洪水被害が大きいバングラデシュでも下痢症はきわめて深刻な感染症であるが，その感染のピークは現地では雨期の終盤の洪水が引き始めた頃であるという．この理由は洪水の最盛期には大量の水によりし尿等が希釈・流出するのに対して洪水の終息期には小規模な水たまりが多数でき，流出しない汚物が生活環境を汚染するとともに，魚の死骸などにわいたハエなどによって病原菌が媒介されるためではないかと考えられる．実際の状況を確かめるために1998年の大洪水時の下痢症の発生状況を調べ

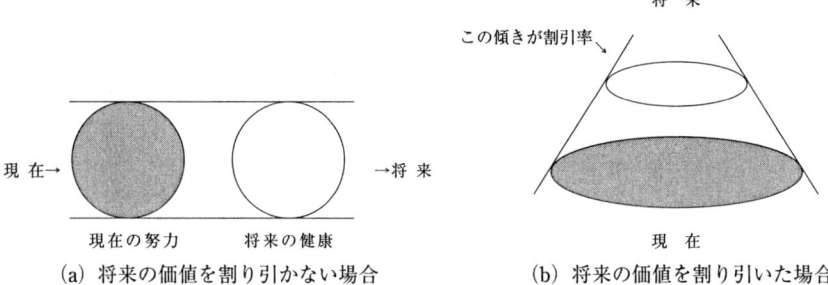

(a) 将来の価値を割り引かない場合　　(b) 将来の価値を割り引いた場合

図1.5

表 1.1　ムラドナガール郡における 1998 年の下痢症患者数

月	1	2	3	4	5	6	7	8	9	10	11	12
患者数	58	71	118	88	68	41	1,564	3,514	3,688	1,865	562	187

(筆者調べ：12 月は 12 月 23 日までの合計)

るため，調査村付近のムラドナガール郡病院において調査を行った結果，月別下痢症患者数は表 1.1 のとおりであることが明らかになった．1998 の洪水は 7 月下旬に始まり，10 月上旬に収束しており，ピークは 9 月上旬〜中旬であったことから，洪水のピークまたはその直後に下痢症が増加しているのがわかる．

前項で述べたように下痢症は水系感染症のうちきわめて重要な位置を占めており，死亡者数も多い．下痢で人が死ぬという状況は先進国では普通ありえないことであるが，貧困国では栄養失調と医療体制の不備から抵抗力のない子どもの多くが命を落としている．しかも最貧困家庭では病気がひどくても医者に行けず，おまじないをして治そうとして手遅れになってから病院に運び込まれて死ぬというパターンがあった．そうした子どもが下痢による脱水症状で死ぬのを救う適正技術が経口補水療法である．スポーツドリンクのように塩分や糖分を含む吸収の良い「経口補水塩」を飲む療法であるが，それが入手できないときでも 1 リットルの水にスプーンすり切れ 6 杯の砂糖と 1 杯の塩を溶かして飲むと効果がある．一般家庭でも入手可能な砂糖と塩で多くの乳幼児の命が救われているこの適正技術は，バングラデシュにある国際機関「国際下痢研究所」の前身であるコレラ研究所で 1960 年代に開発されたものである．

1.5　適正技術を用いたヒ素対策技術普及の努力

1.5.1　適正技術とは

国連では，適正技術の主な構成要件を technically viable, economically feasible, culturally accepted, environmentally sound といった要素で表現することがある．すなわち単に技術面や経済面だけに注目するのでなく，地元に文化面でも受け入れられ，環境に大きな負荷も与えないものが適正な技術であるというのである．この定義からすると必ずしも先進国で昔使用していた古い技術が適正技術であるというわけではない．最先端の技術が適正技術になる「フロッグジャ

ンプ」という現象もある．例えば1990年代に電話のない村落部で仕事をする際には，まず打ち合わせをする場所へリキシャ（3輪の人力自転車，村落部の収入向上に役立っている）を伝令として走らせて約束を取り付けていた．それが携帯電話の普及により固定電話線の投資なしに電話ができるようになった．やっと電気が引かれたばかりの最貧困地域でもグラミン銀行のマイクロクレジットで携帯電話機を買った人が電話貸し業を始め，村の誰もが出稼ぎに行っている家族と連絡が取れるようになってきた．マイクロクレジットのような経済手段を用いれば貧困地域にも技術を economically feasible にすることができよう．こうしたフロッグジャンプの試みとして東京大学と共同で1990年代後半にヒ素をナノ濾過膜で除去する試みを行った．構想は上記のリキシャに濾過装置を積んで村を移動し，自転車をこげば安全な飲み水が得られるというもので収入向上にもつながるものであったが，やはり膜の維持管理とサプライチェーンに問題があり，その後普及していない．これはその技術が technically viable でなかったためであろう．

　適正技術の要件の中で最も難しいのが culturally accepted という面で，まさに技術が文化と共生できるかという点である．以前 UNICEF と村落部のヒ素対策の調査を行っているとき，コミュニティ規模の簡易なヒ素除去装置をモスクの前にある手押しポンプに設置してはどうかと提案したことがある．モスクに人が集まるのに加え，イスラム教には「喜捨」の考え方がありモスクの前なら喜んで維持管理費を出すのではないかと思ったからである．しかし「モスクの前の水は無料であるのが通念だし，水を汲むのは女性であるがモスクにお祈りに来るのは男性である」として却下された．たしかにタイなど少数の国以外では水汲みは女性の仕事であり，ジェンダーイシューに対する配慮が最も必要になる部分である．

　なお environmentally sound の面でいえば，簡易砂濾過装置で鉄と共沈・濾過した際に出る汚泥にはヒ素が濃縮されているので，大規模な除去装置を運転した場合にはその処分に困っている．適正技術の達成は一筋縄ではいかないものである．

1.5.2　ヒ素除去モニタリング適正技術の開発

　バングラデシュで地下水中のヒ素が社会問題化した1990年代後半，村落部で調査を行っていると住民から「グアバの葉を入れて黒くなる水にはヒ素が入っている」と言われた．バングラデシュでは以前から，グラスに入れた地下水にグア

バの葉を揉み込んで変色を見てヒ素が入っているかどうかを確認していたという．また別の機会にミャンマーの村落部を訪問した際には「ミャンマーではお茶の葉を使ってヒ素を調べる」と言われた．最初は科学的根拠を疑ったが，フィールドでは地元の人が何気なく言った言葉から適正技術のヒントを得ることは多い．土着の知恵（indigenous knowledge）は科学の光を当てて研究すれば何か合理性があり，地元に役立つ方策が見出せるものである．極端な言い方をすれば一見非合理な「タブー」でさえ合理的な解釈ができるときがある．例えばアフリカで「あの森に近づいてはいけない」といった理由不明なタブーが存在している場合でも，そのタブーができた頃にはツエツエ蠅が生息していて眠り病が存在する環境であったのかもしれない．言い出した人が亡くなった後にタブーが一人歩きしているだけではないだろうか．

　そこでグアバの葉を分析すると，在来種のグアバ葉にはお茶の成分であるタンニンが多く含まれていた（品種改良したグアバの葉には少ない）．これが地下水中の鉄分と反応してタンニン鉄となり黒く着色することがわかった．グアバ葉による変色で調べられるものは実はヒ素ではなく水中に溶存する鉄であった．ところで水中の鉄分は空気により酸化されると質量比で約 40 : 1 の割合でヒ素と共沈する性質がある[8]．すなわち地層中にヒ素が存在する理由が，沖積世にバングラデシュの国土が形成される際に河川水中の鉄分がヒ素を巻き込んで堆積したためであると考えれば納得できる．現地で用いられていたヒ素検知法は，実は鉄濃度とヒ素濃度とに相関関係があることを利用した手法であった．共沈・除去の原理を利用して簡易にヒ素を除去する装置として，1950 年代にため池の水中の細菌を除去するのに使用していたピッチャーフィルター（簡易砂濾過器）を復活させ，地下水のヒ素を除去している家庭は多い．

　その後この現象を科学的に解明すれば，現地で入手可能（locally available）な原料であるグアバ葉を用いて安全なヒ素除去モニタリングが可能になると考えた．もし井戸水中に鉄分が少ない場合でも，最初に人為的に鉄を必要量加えてから濾過すればヒ素は安全に除去されるはずである．実験の結果グアバの葉を煎じて濃い「お茶」を作り，タンニンを余剰に加えれば地下水中の鉄が制約となり，透視度を測定するだけで概略の鉄濃度を測定できることが明らかになった[9]．濾過前の水が十分鉄を含んでおり，濾過後に鉄が少ないことをグアバ茶による発色で確認すればヒ素が安全に除去されていることが確認できる仕組みである．透視

度は現地で透明なグラスに水を入れて底に敷いた新聞の文字を読めば測定でき，実験に使うグアバ葉はどこの農家の庭にもある，持続可能なモニタリング手法であると考えられる．

またグアバ葉を使って地下水を発色させる際に鉄分を含む水は，コーラ水のように真っ黒になる．一方で濾過して鉄・ヒ素を除去した後の水は普通のお茶の色である．地元の人にとってなじみのない化学薬品を用いて分析した結果を知らせるより，身近なグアバ葉により真っ黒に変色した地下水を見せる方が住民への動機付けの効果が大きく，現地で住民に対するデモンストレーションを行ったところヒ素除去装置に対する支払い意思額も3倍程度に増加した[5]．飲料水中のヒ素除去装置には様々なものがあるが，国際機関等の調査結果によると簡易砂濾過装置など比較的簡易なヒ素装置のコストを住民が支払う意思があるかという質問に対して76%の住民が支払う意思をもっていたという[7]．しかし現実は濾過装置等の普及は遅々として進んでいない．視覚的に見える方法であり，また身近な空間にあるグアバ葉を用いるというculturally acceptedであるモニタリング法で住民を動機付けしていくと同時にサプライチェーンを形成する方法を取る必要があろう．

途上国における新しい技術や手法の普及はdemonstration（演示），consolidation（地固め），expansion（伸展）の3段階を踏む必要があるという[6]．その地域にとって新しいものをもち込む場合，最初の演示段階は外部援助機関等の力が必要であるが，地固めの段階になると地元のCBOや国内NGO等が地道な活動を続ける必要があろう．さらにそれが他の地域や国中に普及していく伸展の段階になると，規模や数量が大きすぎて外部援助の手に負えるものではないであろう．そのためには，営利事業として自発的に拡大していく「商業化」が必要になると考えられる．すなわち，1990年代にリング式トイレが国中に普及する際にリング製造業者が営利事業として成り立つようになったのと同じ理屈である．適正技術の導入と収入向上に結びつく商業化，それを後押しするようなマイクロクレジット等の経済的手段がwinning combinationとなって初めて今後のヒ素除去装置の普及につながると考えている．現在取り組んでいる研究課題はコンクリートリング製造業者が，各バリに一つ程度リングを重ねた砂濾過装置としてリースで設置し料金徴収する際に維持管理し，同時に安全な水のプロモーターとして他の住民の動機付けを行うというビジネスモデルである．維持管理と住民への啓蒙の際には

上記のグアバを使ったモニタリング法が活用できる．リング製造業者が儲かるほど住民が健康になるという win-win の手法である．このような過程でヒ素除去装置が普及すれば，かつてバングラデシュに管井戸やリング式トイレが普及し，村落部の一つの産業に発展したように内発的発展に寄与することができるものと期待している．

1.6　お わ り に

本章ではバングラデシュという世界でもまれに見る洪水多発地域を例に取って，水と人とをめぐる様々な問題をミクロな視点から述べてきた．その過程で自然の過酷な面である洪水との共生，生活空間における水供給とサニテーションの共生，適正技術の導入における技術と文化との共生など様々な課題が浮き彫りになってきた．

一方国際間の問題を見れば，バングラデシュはインドから流入する国際河川による洪水の解決のための調整も課題となっており，地球規模では気候変動による海面上昇やサイクロンの影響を最も受けやすい国の一つとなっている．バングラデシュに限らずあらゆる国は，周辺国だけでなく国際社会と今後も共生していかなければならない状況にある．乾燥地域に目を転じると逆に水不足にあえぐ地域では水は国際紛争の原因になっている．また物資の移動のグローバル化により農産物を輸入する国が，間接的に生産国の水を使用しているというバーチャルウォーターの概念も重要である．今後ますます複雑化していく問題に対応し，持続可能な開発を進めるためには自然科学，社会科学および人文科学を総動員した分野横断的な研究が必要になると思う．

参 考 文 献

1) Bangladesh Bureau of Statistics: Statistical Pocketbook Bangladesh, 2003
2) Kinnibugh, D.G. *et al.*: Arsenic contamination of groundwater in Bangladesh, *Hydrochemical atlas, BGS Technical Report WC*/00. 19, Vol. 3, 2001
3) Feachem *et al.*: Sanitation and Disease-Health Aspects of Excreat and Wastewater Management, John Wiley & Sons, 1983
4) Government of Bangladesh: United Nations, Millennium Development Goals, *Bangladesh Progress Report*, 2005

5) Ahmad, J. et al.: Willing to pay for arsenic-free, safe drinking water in Bangladesh, World Bank, 2003
6) Tayler, K. et al.: Urban upgrading, WEDC, Loughborough University of Technology, 1993
7) UNDP: *Human Development Report*, 2006
8) 王　博，北脇秀敏，Rahman, M.M.: グアバの葉を用いたバングラデシュにおける地下水中のヒ素除去モニタリング手法に関する研究，土木学会環境工学研究論文集 44巻, 2007
9) 中谷隆文，北脇秀敏，山本和夫，杉村昌紘：グアバの葉を用いた地下水中ヒ素除去モニタリング手法の開発，第29回環境システム研究論文発表会講演集，2001

2. コミュニティ開発とエンパワーメント
―社会運動としてのコミュニティネットワークの視座から―

2.1 はじめに

　近年のグローバリズムの浸透によって生じた国や地域間の格差，さらにそれらの同一地域内で広がる貧富の差は，アジアも例外ではなく拡大しており，都市において貧困層を含むコミュニティを形成している．

　本章はまず，都市はどのような背景で形成されてきたのかを歴史的に概観し，そして今日のようなグローバリズムの拡大の中で生じている貧困層を含む都市コミュニティの現状を抽出，紹介して，その開発の問題と住民のエンパワーメントについて，最近の動向について論じる．とりわけ東南アジアの大都市で生じている問題とその取組みの事例を紹介し今後の展望を含めて議論を展開する．具体的には，1960年代以降のタイに見られるスラム，スクワッターを含むコミュニティ開発の経緯を整理し，1990年代からタイ全土で行われているコミュニティネットワークの組織化とその展開を社会運動論の視点から考察する．

　また今日，多様な意味で使われている「ネットワーク」という言葉について整理し，アジアの大都市における都市計画論的研究の一助とすることも本章の目的とするところである（10章も参照のこと）．

　なお，本章では注をつけない限りスラム，スクワッターを含む地域社会をコミュニティとして，その住宅，生活改善事業を開発と捉え，「スラムコミュニティ開発」と記述する．

2.2 都市の成立

　今日のアジアにおける大都市の問題を論じる前に，一般論として，都市の形成

過程とその成立について理解するためにヨーロッパの近代化の歴史を振り返っておく必要がある．

まず，18～19世紀のヨーロッパにおける社会変動を思い出してみよう．この時期のヨーロッパとりわけフランスとイギリスにおけるエポックメイキングな2種類の革命について考える．一つは市民革命（あるいはブルジョワ革命）と呼ばれるもので，これは市民階級によって封建時代から続いた特権階級による支配が覆され，政権を市民達のものにした革命のことである．それまでの王侯貴族など一部の特権階級の人々が世の中を支配するのが当然と考えられていたのに対して，この革命によって打ち崩され，人々が自分達の手で政治を実行できるようになった．すなわち民主主義の誕生を意味していた．もちろんこの他にも，フランス革命，イギリスの清教徒革命，アメリカの独立革命（独立戦争）も市民革命の例と考えていいだろう．

このように，市民革命によって民主主義が誕生し市民社会を生みだし，資本主義が発展する基盤がつくられたことを考えると，市民革命がもたらした社会変動の規模がいかに大きいかがわかる．

もう一つ重要な革命はというと産業革命であろう．18世紀のイギリスで始まった工業生産の革命的発展を指している．産業革命の結果，小規模で手作りの生産形態が姿を消して大規模な機械でモノを作るようになり，生産の場所も家や納屋から工場へ移った．小資本の家内制手工業が衰退して，大資本が投下された工場制機械工業がその時代を牽引した．生産の仕組みを変えた背景には，蒸気機関や外燃機関の発明と改良が進んだため，様々なテクノロジーの発達を招くことになったからである．

産業革命も市民革命と同様に様々な社会変動を引き起こした．この革命によって資本主義の発達に拍車がかかり，資本家階級が封建的特権階級に代わって富を蓄積するようになった．その結果は，明らかな貧富の差を生みだし，そして拡大した．人々は安定した収入を求めて，農村から工場のある大都会へ移動するようになり，社会の産業化とともに大規模な都市化が起こったのである．産業革命の波及効果も非常に大きかった．

中世も絶対的君主の時代も比較的穏やかな社会変動しか起こらなかったのに対して，市民革命と産業革命は，このような急速で大規模な社会変動を引き起こした．古い価値観が崩壊し，新しい価値観が次から次へと現れ，市民社会が成立し

て産業化と都市化は人々に富と利便をもたらした．しかしその一方では，かつて伝統社会（農村，漁村など）に存在した共同体意識は薄れ，都市に移住した労働者が都市の資本家に搾取されて階級間の対立が深まり，自殺や犯罪が目立つようになったことも事実であった．そして，知識人が社会というものに，つまり都市社会に目を向けるようになった．19世紀になって初めて「社会」自体を研究の対象にしようとする機運が生まれたのである．

2.3 都市がかかえる問題

都市の形成は近代化を象徴する存在であることは上記からもわかるとおり，そこでは様々な新しい現象が繰り返されてきた．社会階層，エスニシティ，文化，規範と逸脱，産業と労働など，それらの諸問題は，異質なものがぶつかり合う都市であるからこそ先鋭化してきたのである．

産業と経済の発達が進むにつれて，都市へ人口が集中する結果をもたらした．地方からの移住者は近親者から遠く離れたところで都市生活を送っていた．人口の集中により都市の中心部の住宅が不足することになり，道路や鉄道が外縁部に延伸され，その周辺に無計画に居住地が広がっていくスプロール現象が発生し，新しい顔ぶれの人々が移り住んで一つの住宅地域を形成していった．

このスプロール現象と並んでもう一つの現象としてドーナツ現象を見ておく．スプロール現象によって郊外における定住人口が増えて，都市中心部の定住人口が減少するという状況を指してドーナツ現象という．とくに都心と郊外の中間にある中心市街地をインナーシティ地区というが，この地域で人口減少や住宅環境の悪化が起こりやすく，これは先進諸国の大都市に見られる．また，日本ではインナーシティでのスラム化は見られないが，欧米では，郊外に居住する経済力のないマイノリティや貧困層の住民がインナーシティに偏在していることが多く，大きな社会問題，政治問題につながることが少なくない．

しかし，20世紀末頃から，先進諸国の大都市において，郊外に偏在した人口の都市部への回帰が見られた．なぜなら都心部やインナーシティの再開発が行われるようになったためである．一時はスラムになった地域の大改造を行って，ミドルクラスの人々が住みやすくすることをジェントリフィケーションというが，当該地域に住んでいた住民を強制的に追い払って（エビクション，eviction）行

うこともあり，都市における貧困問題そのものが解決されたわけではなく，むしろ悪化させるケースがふえた．

また，イギリスではアーバンビレッジ運動が起こり，住む場所，仕事をする場所，買い物をする場所を一か所にまとめようという運動がそれである．スプロール現象が起きた都市の郊外から2時間以上をかけて通勤するのではなく，なるべく自給自足度を高めて，環境に優しいコミュニティをつくろうという運動である．

2.4 コミュニティとは

近年，コミュニティという言葉が様々な分野で使われているが，その意味，含意はきわめて多岐にわたり多様である．そこで，ここではコミュニティの意味を整理しておきたい．

一般に，コミュニティとは，一定の地理的範囲の中で共同生活を営む人々の集合状態を指している．そこには地域性つまり同じ空間にいることと，共同制すなわち同じ利害や目的があることを意味している．これがコミュニティの二つの要件といえる．具体的は，欧州共同体（EC; European Community）のような広範囲にわたるものや，日本の村落がそれに該当する．とりわけ日本の伝統社会である農村では，畑やたんぼに水を引き込むための水路の共有と管理，さらに田植えや収穫の祭りなど村民に共通する利害や目的を通して，「我々意識」を強く共有してきた．つまり，コミュニティの要件にはこの「地域社会感情」も含まれ，第三の要件として加えておく必要がありそうである．

ところで，我々が問題にしている都市にはコミュニティが存在するのだろうか．元来，都市というところは，多くの人々が転入や転出を繰り返すという特質がある．つまり流動性の高い社会である．この点は伝統社会のもっている土着性とは対極にあるといえる．また，都市生活者の職業を見ると村落生活者のそれと比べるとはるかに多種多様である．

このような都市生活の特徴は，生活空間，生活時間が個人個人に分化して，興味関心，利害，価値をも分化していく生活様式の多様化を生みだした．またその一方では，みんなが一緒にという共同意識を喪失させてしまった．つまり，都市は村落よりも地域社会に重点を置かず，個人や家族が生活単位になるような生活

における個別化が浸透してしまった社会といえる．

　次にモノを手に入れるという観点から都市を見てみよう．都市と村落の共同生活の様式を比較してみると，都市ではモノや助けが必要なときは常にお金を支払って購入することが一般的である．都市では必要なモノや助けは商品やサービスとして市場マーケットから購入するという様式である．つまり都市の生活様式は，必要に応じて専門店や専門機関から商品やサービスを購入するという生活に特化した問題処理を行っている．

　それに対して村落の生活様式は，もちろん商品やサービスを購入するが，そこには顔が見える関係の者同士が分け合ったり助け合ったりする相互扶助的な生活問題処理を行っている．村落では顔が見える者同士の人格的共同性が認められるのに対して，都市では市場マーケットを介在させた非人格的共同性が支配的で，都市生活者にとっては孤立した生活様式が基盤となっている．

　次に，都市の生活様式の問題点を指摘しておこう．まず第一に，効率性の問題である．平均や大多数に合わせる傾向が強く少数の者への対応は無視されたり，後回しにされる傾向にある．

　第二に，自律性の問題である．ゴミ処理の問題のように，スケールメリットによる採算が重視されるあまり，広域化が進み居住地区外での処理が行われることによって問題意識の共有が低下する．

　第三に，可視性の問題が指摘できる．巨大な市場マーケットや行政機構に依存する都市生活の様式は，住民自らの意思や評価を反映させる機会は極端に少ない．また，意思決定の過程に参加する機会もきわめて少ない．

　このように都市的生活様式の浸透は，都市コミュニティ成立の可能性を小さくしていることもあるが，次に見る都市コミュニティの様相に関する議論からコミュニティ成立の要件をおさえておく．

　まず，コミュニティ喪失論を取り上げる．これは，都市では親族，近隣，友人，同僚などの第一次関係が衰退することによって，犯罪，貧困，離婚などの社会解体現象が加速するというものである．

　それに対して反論する立場をとっているのは，都市の中の村（アーバンビレッジ）や有限責任のコミュニティを主張する考え方で，都市においても第一次関係が根強く存在するというコミュニティ存続論である．

　近年は，これらの考え方に第三番目の視点としてコミュニティ解放論が加わっ

て議論されている．その背景には，パーソナルネットワークの研究が進んだことにある．第一次関係は，個人が必要に応じて自分の周囲に構築するもので，必ずしも一定の地域内に作るのではなく，分散しているのだと考えることから始まっている．解放論は，特定の地域内で第一次関係を構築しないので，地域を越えて構築される人間関係をみており個人が作るネットワークとして位置づけるものである．これゆえにパーソナルなコミュニティが成立するわけである．

このように今日の都市におけるコミュニティ成立に関して，コミュニティ喪失論，存続論，そして解放論が議論されてきたが，伝統社会に存在する関係性を都市生活者も地域を越えて結ぶ関係，すなわちパーソナルネットワークを通してコミュニティ形成を行っていることがわかる．

これらの点からわかるように，今日の都市コミュニティを考える場合，個人レベル，コミュニティレベルにおいてもネットワークという概念が分析軸として有効かつ重要である．

次節からはタイにおけるコミュニティ開発の事例を見ながら，ネットワークを通した都市コミュニティの開発と住民エンパワーメントについて考察する．

2.5　タイにおけるコミュニティ開発

東南アジア諸国においてシンガポールに次いで近代化が進み，アジアのハブ都市となったバンコクを首都としてかかえるタイにおいて，その経済発展はグローバリズムの進展に伴い，1960年以降都市化（アーバナイゼーション）が進み，都市へ大量の人口流入が起こり，政府による住宅政策の遅れも手伝って都市におけるスラム，スクワッターの形成を促進させた．

こうしたスラム，スクワッターに対してタイ政府は当初撲滅を目指したがそれはならず，削減の方向へと移行していった．スラムコミュニティの開発に取り組むための動きは，1960年4月，バンコク都庁にコミュニティ改善事務局が設置されたことに始まる．

バンコクにおける初期段階のスラムコミュニティ開発は，コミュニティ改善事務局による行政主導の強制撤去（eviction）と公共住宅建設を主とした事業だった．それが1970年代に入り，第3次国家経済社会開発計画（1972～1976年）が提出され，10年間でバンコクからスラム，スクワッターを撲滅することを計画

に入れた．また，特別自治体としてバンコク都（BMA）が制定され，BMA内のコミュニティ改善事務局，政府住宅銀行，内務省福祉住宅室を合併しNHA（National Housing Authority）の設立を合わせて決定した．

1980年代には，スラムコミュニティ開発において住宅建設の促進に向けた制度的支援策が欠けていたこともあり，包括的なプロジェクトの受け入れ基盤を作るため，スラム地区内に住民委員会を設置するような地域リソースへのイネーブリング戦略が検討されるようになった．また，この時期に多くのNGOが設立され，住民のエンパワーメントを支援する活動も活発化していった．

1990年代に入り，政治体制においては民主化，地方分権化が進み，従来のスラム，スクワッター対策が見直されるようになった．集団組織（グループ）を対象にしたグラミン銀行（バングラデシュ），コミュニティが抵当責任を負うコミュニティ抵当事業（CMP; Community Mortgage Program，フィリピン）など，アジア周辺諸国の小規模融資事業に習ったイネーブリングエンパワーメント施策が，1992年第7次全国総合開発計画に加えられた．

2.6 タイにおけるコミュニティ開発推進組織

1992年，都市貧困層の開発計画を全国的に実施しているNHAの管理下で，タイ政府からの資金12.5億バーツ（約60億円）によって，低所得者の生活・住環境改善を目的とした新組織UCDO（Urban Community Development Office）が設置された．組織としてはNHAの管理下に置かれているが，独立した機関としての色彩が強い．UCDOは，低所得者層がUCDOの呼びかけに応じて組織したセービンググループ（saving groups）を対象とした統合型マイクロファイナンスを公共政策として開始した．これによって，それまでの住宅政策として位置づけられたスラム改善事業から，小規模融資といったソフト面を重視した政策・事業に範囲を広げていくことになった．

その後UCDOは，農村コミュニティの開発基金と併合し，2000年にCODI（Community Organizations Development Institute）へと改組された．その活動は，スラムコミュニティのアップグレード，すなわち住宅環境改善ならびに生活改善をさらに推進するために，コミュニティ内にセービンググループを組織させ，コミュニティ強化支援のためのネットワークへの参加を訴える内容へとその

支援方針を拡大していった．CODI はネットワークを対象に，住宅建設をはじめとする住民の生活自立につながる資金の貸付を行い，各種情報の提供，訓練プログラムへの参加の促進を支援する活動が行われた．このように CODI は，従来の個別のコミュニティ開発支援から，コミュニティの自立と支援効果を上げるためにコミュニティ相互のネットワーク活動支援へと活動を展開していった．

2.7　CODI のコミュニティ支援活動

CODI の支援活動は，UCDO 当時の活動であった個々のコミュニティにおけるセービンググループの組織化とその支援から，個々のコミュニティの集合体であるコミュニティネットワークへの支援に方針を変更拡大している．CODI のコミュニティ支援活動を融資の視点から見ると次に示すような特色を弁別できる．

a. コミュニティ単位での融資　UCDO（1992～2000 年）の融資対象は，各コミュニティ内に組織化されたセービンググループへの資金の貸付や土地取得・住宅建設への貸付を主としていた．コミュニティ住民の所得増加や生活全般を含めた住居改善のための融資であった．UCDO の融資は無担保で受けることができるが，融資を受ける住民はセービンググループに参加することが求められ，次のような条件のもとにローンを組むことになった．

① 原則として，コミュニティ内 25 名以上によりセービンググループを組織することが求められる．セービンググループは 5 人以上のメンバーによるセービング委員会を設置し，セービング活動を最低 6 か月以上続ける．（セービンググループの組織とその制度化）

② 融資額は，セービンググループの貯蓄総額の 10 倍を限度とする．この額は，住宅の建設等に当てるには十分ではないが，CODI との契約実績をもとに市中銀行等から融資を受けることが可能となる．（信用の獲得と公的融資）

③ コミュニティの区画整理等の計画や施設整備は基本的にコミュニティが主体となって策定する．その際，行政基準に基づく宅地開発規制が緩和されるケースもある．（住民主体の計画策定）

これらの条件は，単に融資を行うことを目的としているのではなく，個々のコミュニティが開発を可能とする能力をもてるようにするために支援を行うのだという明確な目的が示されている．

b. ネットワーク単位での融資　1997年から1998年のアジア通貨危機の影響により，セービンググループからの返済が遅れる件数がにわかに増加した．UCDOはすかさずその状況を分析して，コミュニティの環境改善の課題として次の4点を指摘している．

① コミュニティの運営能力や知識の不足から，ボトムアップ型のコミュニティ開発をねらっているのに多くの住民参加が得られていない．依然としてトップダウン型の事業展開が行われている．

② 実績をあげるために短期間の準備によるセービンググループの形成とこれに基づいた融資の実施は，住民負担が増大したためコミュニティによる返済・管理を困難にしている．

③ 居住環境整備事業を実施するうえで，インフラなど公的施設の整備不足，住民の負担を超えた過剰な整備の実施，コミュニティにおける事業運営能力の不足，再定住地への移住の遅れが起きている．

④ ローン融資が最下層の住民に届いていない．

これらの課題を解決するために，UCDOは共通の利益を受けるべき都市貧困地区におけるセービンググループを結びつけるコミュニティネットワークの組織化を始めた．UCDOの融資は1998年までの回転資金ローン，事業・所得創出ロ

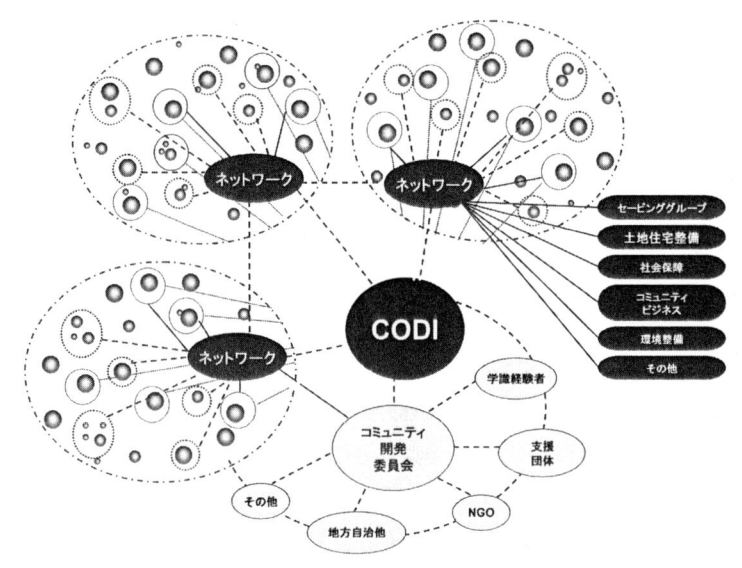

図2.1　CODIが推進するネットワークを通したコミュニティ開発（出典：CODI）

ーン，土地・住宅開発ローン，住宅改善ローンに加え，1999 年にはセービンググループによって組織されたネットワークを対象とした，ネットワーク回転資金ローン，コミュニティ起業ローン，宮沢ファンドが加えられるようになった．これらの融資は目的に応じて使い分けられ，利率や返済期間もそれぞれの目的によって定められている．

また，2000 年に改組した CODI ではこれらの融資の他に，SIF（Social Investment Fund）や DANCED（Danish Cooperation for Environment and Development）資金を通した外部融資などの窓口としての役割も果たし，これらプログラムの導入・実施をコミュニティネットワークに対して支援している．

CODI の支援を受けたセービンググループは 51 県にまたがり，全国の都市貧困コミュニティの約半数におよぶ 1,273 のコミュニティでのセービンググループの設立や 600 以上のセービンググループが全国各都市でネットワークの形成を支援してきた（図 2.1）．

2.8 コミュニティネットワークを通した地域づくり

CODI の支援によってこれまでに 1,000 以上のセービンググループがタイ全国各地でネットワークを形成し，120 のコミュニティネットワークが組織化された．その内，約半数はバンコク都およびその周縁地域に集中している（図 2.2）．

組織化されたネットワークを分類すると，
① 住居の確保や環境整備に関するネットワーク
② コミュニティビジネスなどの事業に関するネットワーク
③ 活動地域を示したネットワークなど

このようにコミュニティネットワークは，その活動において多岐にわたり柔軟に対応しているところが特徴的である．またネットワークは，地区・地域レベルから県や地方レベルまで，農村から都市までと様々なレベルで組織されている．そしてネットワークは都市化や近代化に伴う生活の変容や階層格差拡大への対応がみられる．さらに，コミュニティ住民が個人的に参加している他のネットワーク，例えばタイのタクシー協同組合ネットワークや，バンコクのコミュニティにおける芸術手工芸支援センターネットワーク等のテーマに沿った活動に歩調を合わせているコミュニティネットワークのように，地域の垣根を越えた活動もみら

図2.2 全国のコミュニティネットワークのリーダーが会してコミュニティ開発現場で勉強会を開催

図2.3 コミュニティビジネス(河川の浄化剤の製造・販売)についてミーティングを開催

図2.4 浄化を必要とするコミュニティ付近の河川

図2.5 河川の浄化用にバクテリアを培養・製品化している作業場

れる.

　ネットワークは,住民による独立した委員会を設置して運営を行い,貧困層のコミュニティが必要とする生活自立のための様々なプログラムに関与している.CODIからの融資を得たネットワークは,ネットワークに所属するコミュニティ独自の問題に対して最も適した方法を話し合い,自らの主体的な参加によって決定した独自の活動を展開している.

　コミュニティがネットワークを組織化することは,ネットワーク内のコミュニティと知識や経験を共有することになる.これによってネットワークは,自らの活動をコミュニティの枠を越えた地域づくり活動として行うことができる(図2.3〜2.5).

2.9 ネットワークの捉え方

　タイにおけるコミュニティネットワークは，最初は小規模の様々な関係構築から始まる．そして定期的な集まりを経てグループ相互の交流を通じて次第に組織を強化，協同へと拡大する段階的なプロセス重視の展開を呈している．CODIではコミュニティネットワークを複数のコミュニティが相互に連携し，都市貧困層の生活改善や居住環境整備の実現機会を増大させることで，インフォーマルセクターとフォーマルセクターの間を媒介する開発の主体として期待している．

　そこで次に，タイにおけるコミュニティネットワーク活動を社会運動としてのネットワーク論として考察する．なお，その議論の前に一般的な「ネットワーク」の意味と社会的コンテキストにおけるネットワークについて整理しておきたい．

　一般的に，「ネットワーク」という表現は多岐にわたって使われていて，きわめて曖昧である．織物や構造物のような物体の網状状態ばかりではなく，人々の関係（つながり，紐帯，縁など）や社会システムを表す言語に至るまで多様に使われている．全国道路網，水（路）網，鉄道網（メトロネットワークなど），電話網，通信網，インターネットなど社会的インフラ，血縁，地縁，社縁などの「縁界」，そして社会集団や組織ばかりではなく，一国の社会や経済を表す言葉として使われている．

　わかりやすくするためにネットワークの名詞的な意味を整理すると，おおむね次のようになる．すなわち，
① 網の状態をなしている構造物
② 動物または植物の構造
③ 河川，運河，鉄道などの様態
④ 電気回路網
⑤ 放送網
⑥ 相互連結された人々のグループ，組織，またはその属性

　次に，同様に動詞的な意味を整理すると次のようになる．すなわち，
① 網でカバーする
② ラジオまたはテレビ放送網を設け，同時に放送する

③ データ転送，プロセシング能力の共有
④ 多くの場所からアクセスできるように（多数のコンピュータを）相互に連結すること

こうしてみると，名詞としては物質的なものであれ非物質的なものであれ，網状の構造ないし様態またはその属性を表し，動詞としては網状でつなぐ行為，またはそのプロセスを表す言葉である．社会科学の分野では，1934年にモレノがソシオメトリーとして表現したことに始まり，1980年代以降社会の情報化に伴い一般的に使われるようになったと考えられる．

2.10 社会運動としてのコミュニティネットワーク

ここではフランスの社会学者A.トレーヌの社会運動論を基底に，これまで見てきたタイにおけるコミュニティネットワーク活動を通したコミュニティ開発を，社会運動としてのネットワーク論として検討することにする．

社会運動としてのコミュニティネットワークの捉え方としては，社会的コンテキストを軸にしてネットワークを捉えることができる．

20世紀の社会変動を見るならば1980年代以降のいわゆるパラダイムシフトをきっかけとして，ネットワークの捉えられ方にも変化が見られた．

ミッチェル，オグルビー，シュワルツ[9]らによると，その変化とは，
① 単純から複雑へ
② ヒエラルキー（hierarchy）からヘテラルキー（heterarchy）へ
③ 確定的から不確定へ
④ 線形的因果関係から相互因果関係へ
⑤ 集合から形態形成へ
⑥ 客観性からパースペクティブへ

とパラダイムシフトが行われている．それに伴って，ネットワークの捉え方も垂直から水平へとシフトした．すなわち，「利害の共同に基づく連帯」（国や行政からの要請でコミュニティ開発，トップダウン型）から「アイデンティティと意味の共有」（住民自身が開発へ参加，自助型開発，ボトムアップ型）へとシフトしたと考えられる．つまり，社会運動としてのコミュニティネットワークを考えるとき，「トップダウン型」から「ボトムアップ型」の開発へとネットワークが機

能を明らかに変えたのである.

　社会運動としてのコミュニティネットワークの特質を1980年代以前とそれ以降とに分けて考えると，1980年代以前は，社会運動の闘争力を高め目的を効率的に達成しようとする合理的運動，階級闘争であったといえる．つまり垂直の力が働いている．それに対して，1980年代以降は，目的よりも運動のスタイルやプロセスを重んじ，運動それ自体に意味を付与する．または，新しい価値や文化モデルを創造しながらそれを自ら身につけようとする一般民衆の闘争である．つまり水平の力が働いているといえるのである.

　ここで前者を「旧来型の社会運動」，後者を「新しい型の社会運動」と弁別するならば，「旧来型の社会運動」は成功と失敗の効率性を重視する社会運動である．それに対し「新しい型の社会運動」は，メンバーの自己実現やその意味表出プロセスを重視する運動である．メンバーの自律性，個性などを尊重する．そして，今までの産業社会を省み，新しい価値，新しい行動原理，新しい文化モデルを創造する社会運動であるといえる.

　また，前者は運動の最終目標やその効率的な達成をねらう合理的運動であり，後者は，自己省察 (self-reflection) あるいは自己実現を求める「自省的運動」である．そうはいっても，ただ新しい価値や行動原理を唱えるのではなく，自らその価値や行動原理を身につけ実行可能なオールタナティブを学び，その上で日常生活に活かす運動である.

　このように見てくると，タイにおけるコミュニティネットワーク活動の特質は，「新しい型の社会運動」である．新しい社会運動の担い手が受益者である住民であり都市貧困層であるため，社会の中のマイノリティである．相対的な劣位にあるものが自分のアイデンティティを防衛するためには，そのような構造（貧困）を再生産するような対象と闘うことになる．そして，巨大な管理装置を通じて一定のライフスタイルと社会変革のあり方を強要して，消費者の需要までも生産しコントロールし，供給に適応させている国家に対し自らのライフスタイルやアイデンティティの自己決定権を守ろうとする社会運動としてその形を変えてきたのである.

　別の見方をすれば，この「新しい型の社会運動」は参加することによって新しい経験をし，新しい知識を得ることができる．それらが住民に新しい世界に踏み出す力を与えることになる．たいていのコミュニティ住民は，社会の制度や組織

から疎外された力なき存在であった．しかし，コミュニティネットワークに参加することで，その力の源となる資源へアクセスする機会を得ることができ，力，とくに意思決定における自律性を獲得し，貧困から脱出することができるようにその力をつけることができるのである．つまり，住民のエンパワーメントがここに成立するのである．

　実際，CODIが組織したコミュニティネットワークは，ボトムアップ型の運動である．そしてネットワークは，利害を共有するコミュニティが参加し，それぞれが求めるゴールは異なっているが，共通のゴールは生活・居住環境の整備である．その共通のゴールのためのネットワークが形成され，目的が達成されたらネットワークは解散される．そして，また問題が生じたときには新たなネットワークが組織され，共通のゴールに向かって活動が始まる．

　このようにコミュニティネットワーク活動は，問題解決型のネットワークであると指摘できる．そのネットワークは固定的なものと捉えるものではなく，柔軟に次から次へと必要なネットワークが組織され，目的が達成されれば解散するという特質をもっている社会運動なのである．

2.11　お わ り に

　タイにおいて，都市貧困層のコミュニティ開発にネットワークの考え方がプログラムの一つとして導入され，現実に生活，住宅改善が進められてきた経緯が物語るように，コミュニティネットワークが果たす役割が非常に大きいことが明らかになった．そして，その分析軸を社会運動論と関係づけて論じることにも意義があるとわかった．

　今後さらにタイにおけるコミュニティネットワーク活動をネットワーク論として分析を深めていくには，その分析軸として都市社会学的コミュニティネットワーク論の再検証を行い，社会運動論の分析軸と合わせて発展，確立へその道程を進めていくことが考えられる．再検証にあたっては，ネットワーク分析の報告として代表的な論文である次の6本が手がかりとなろう[8]．

　①「コミュニティ問題—イースト・ヨーク住民の親密なネットワーク」バリー・ウェルマン
　②「ノルウェーの一島内教区における階級と委員会」J.A. バーンズ

③「都市の家族―夫婦役割と社会的ネットワーク」エリザベス・ボット
④「小さな世界」スタンレー・ミルグラム
⑤「弱い紐帯の強さ」M.S.グラノヴェター
⑥「社会関係資本をもたらすのは構造的隙間かネットワーク閉鎖性か」ロナルド・S・バート

いずれの論文も，都市社会学におけるコミュニティネットワークの研究として多くの社会学者を納得させてきたものである．ここであらためて社会運動論との関連で精査することによって，上述のようなコミュニティネットワーク活動でも救いきれない人々のエンパワーメントへの道筋をつけることができると考える．社会運動としてのコミュニティネットワークの視座が，都市の計画論的研究におけるコミュニティ開発の手法となることが期待される．

参考文献

1) アンソレーナ，J.：世界の貧困問題と居住運動―屋根の下で暮らしたい，明石書店，2008
2) 今井賢一，金子郁容：ネットワーク組織論，岩波書店，1988
3) トレーヌ，A.：脱工業化の社会，河出書房新社，1970
4) トレーヌ，A.：ポスト社会主義，新泉社，1982
5) トレーヌ，A.：声とまなざし，新泉社，1983
6) フリードマン，J.：市民・政府・NGO―「力の剥奪」からエンパワーメントへ―，新評論，1995
7) 新津晃一：アジアの大都市，「スラムの形成過程と政策的対応」，日本評論社，1998
8) 野沢慎司他：リーディングスネットワーク論，勁草書房，2006
9) ミッチェル，オグルビー，シュワルツ（吉福伸逸他訳）：パラダイム・シフト，TBSブリタニカ，1987
10) Mitlin, D. and Satterthwaite, D. ed.: Empowering Squatter Citizen, Earthscan, 2004
11) Takahashi, Kazuo: Suggestions for Formation of Sustainable Human Settlements: A Case Study of Community Network Activities in Ayutthaya, ENDOGENOUS DEVELOPMENT FOR SUSTAINABLE MULTI-HABITATIONS IN ASIAN CITIES, Center for Sustainable Development Studies, Toyo University and UEM, AIT, 2004
12) Takahashi, Kazuo: Suggestions for Formation of Human Settlements from A Case Study on Community Network Activities in Ayutthaya, 国際地域学研究, 第7号, 2004

3. 国民統合から多民族共生へ
―途上国における多文化主義政策の現状と課題―

3.1 はじめに

3.1.1 ヒトとヒトとの共生

「共生」という言葉がもつ多様な含蓄の中でも、今日の国際社会において「環境共生」とならび重要なのが、「多民族共生」や「多文化共生」という言葉で表されるヒトとヒトとの共生である。地球上には現在、66億人以上の人々が約190の国に分かれて生活を営んでいる。それぞれの国には複数の民族が共存しており、中には数百の民族を領内に抱える国々もある。それらの単一の国家の中でともに暮らしている人々の経済状況や政治的な主義主張、あるいは信仰する宗教、日常的なライフスタイルなどは実に様々である。社会文化的な相違はしばしば人々の間で不和が生じる原因となり、ときには戦争や抗争などの物理的な衝突を招くこともある。

ヒトとヒトの共生が環境との共生に与える影響についても忘れてはならない。例えば農村開発や環境利用を考える際に、自然環境のみならず、当該社会の政治経済的な環境も重要であることが指摘されている。目の前に豊富な自然資源を抱えながらも、自分達を取り巻く政治経済的な状況によってその資源の恩恵をほとんど受けることができないような状況は、世界の様々な地域に見られる。

3.1.2 政治と文化の結びつき

ヒトとヒトとの共生を考えるうえで近年ますます重要となっているのが、政治と文化の結びつきである。東西冷戦の終結とともに、それまで危うい均衡のうえに成り立っていた国際秩序が崩壊した。その結果、1990年代以降には世界各地で民族対立や宗教対立など、異なる文化集団間の対立や紛争が顕在化してきてい

る.さらに,国民国家の中でマイノリティとして抑圧されてきた文化集団による民族自決や文化主権を求める運動が世界各地で活発となった.他にも,アメリカにおける積極的格差是正措置(アファーマティブ・アクション)をめぐる議論や,フランスの「スカーフ事件」(公立学校におけるイスラム女生徒のスカーフ着用の是非をめぐる問題)に象徴される移民問題など,異なる文化集団が平和に共存する方法の模索,言い換えるなら多民族共生社会・多文化共生社会の実現が重要な課題の一つとなっているのである.

それは日本に住む我々にとってもけっして他人事ではない.1980年代以降,働き口を求め来日する,いわゆる「ニューカマー」と呼ばれる外国人の数は年々増加している.2006年末の時点で,日本における外国人登録者は約208万人で,日本の人口のおよそ1.63%に当たる[3].グローバル化とともにますます活発となった人々の移動の波にさらされ,日本でも多民族共生社会・多文化共生社会の構築が求められるようになってきた.

開発分野においても文化の概念が重要視されるようになった.国連開発計画(United Nations Development Programme; UNDP)は1990年以降,「人間開発」という概念を提唱し,国民所得や成長率のような経済的な側面だけでなく,人間の福祉に焦点を当てて開発の進み具合を測る政策をとっている.とくに2004年の『人間開発白書』においては,文化的自由を人間開発の不可欠な一部とし,文化的多様性を実現することの重要性を主張している[5].

政治と文化の結びつきに関する近年のグローバルな動きの中で,多民族共生社会を実現する一つの方策として,多文化主義の理論と応用に対する関心が高まっている.「多文化主義」(multiculturalism)とは,「一つの社会の内部において複数の文化の共存を是とし,文化の共存がもたらすプラス面を積極的に評価しようとする主張ないし運動」(梶田,1996:67)[4]を指す言葉である.カナダやオーストラリアでは,既に1970年代には政策として採用されてきた.しかし,多文化主義の政策面での応用に関しては,文化的多様性の実現を目的とした「承認の政治」(politics of recognition)ではなく,既存の政治秩序の維持のための「多様性の管理」(diversity management)に陥りやすいとの批判もある[12].

本章では,政治と文化をめぐる近年のグローバルな動きが,途上国,とくにアフリカ諸国に与えている影響を解説する.はじめに,アフリカにおける多民族共生社会の起源と歴史を概括する.その後,西アフリカのナイジェリアを事例とし

てアフリカにおける多文化主義的な政策を取り上げ，その現状と課題について考察したい．

3.2 多民族共生社会の歴史的背景

3.2.1 植民地支配と国家

　アフリカ大陸の地図を眺めると，不自然なほど真っ直ぐな国境線が数多くあることに気がつくだろう（図3.1）．入り組んだ山並みや渓谷，曲がりくねった河川，広大な砂漠や森林があるだけのはずのところに，それらの自然地理をまったく意に介することなく国と国を分かつ境界線が一直線に引かれている．それは人文地理についても同様である．国境線は同じ言葉を話し共通の文化をもつ人々を分断し，異なる文化集団を一つの国の中に囲い込んでいる．その結果として，単一の国家の中で多文化・多民族が共存する状況が生じているのである．

　不自然なほど真っ直ぐな国境線の由来は，ヨーロッパ諸国による植民地支配に由来する．アフリカ大陸の諸社会とヨーロッパ諸国の直接交流は15世紀末に始まった．ただし19世紀になるまで，両者の交流は交易を目的とした関係に過ぎなかった．ヨーロッパ人達はアフリカ大陸を，主に新大陸のプランテーションで労働力となる奴隷の供給地として見ていた．ヨーロッパからアフリカにやってきた商人達はアフリカ内陸部へと足を踏み入れることはなく海岸沿いや河川沿岸にとどまり，現地のアフリカ人の仲買人集団を介して奴隷を手に入れていた．

　しかし18世紀末にヨーロッパで産業革命が起こると，奴隷よりも賃金労働者を用いた生産が主流となった．それとともに，ヨーロッパ諸国にとってアフリカは，奴隷の供給地としてよりも製品を販売する市場として，さらに工業製品の原材料の供給地として考えられるようになった．そして市場の拡大と原料の買い付けを行うためにも，ヨーロッパ諸国はアフリカ大陸の占有

図3.1　アフリカの国境線

を考えるようになった．その結果，植民地争奪戦が始まったのである．

アフリカ諸国の国境線を決定づけるうえで大きな役割を果たしたのが，1884年11月から1985年2月にかけて開催されたベルリン会議である．この会議にはヨーロッパ諸国とアメリカ合衆国，オスマン帝国の計14か国が参加し，アフリカにおける植民地争奪戦のルールを話し合った．会議の結果，アフリカの大地の一部を新たに領土とする場合は，対象となる地で実質的な権力を打ち立て，会議の参加国に対しそれを通告すれば，占有国による植民地化が認められることになった．さらに，当時のヨーロッパ諸国のアフリカにおける活動範囲は主として海や河川の沿岸部に限られていたことから，沿岸部を領土化することで，その後背地の支配も認めることになった．植民地の行政区分は当のアフリカの人々があずかり知らぬ間に決定づけられていったのである．結果として，自然地理・人文地理を無視した真っ直ぐな境界線がアフリカの地図上に引かれていき，文化的にも多種多様な民族を内包したモザイク国家が生まれていった．

3.2.2 「国民国家」から「多民族共生」へ

20世紀半ばには，アフリカの旧植民地領が相次いで独立を果たした．1957年のゴールドコースト（現ガーナ）の独立を皮切りに，1960年は「アフリカの年」と呼ばれ，サハラ以南のアフリカに多くの新興独立国家が誕生した．

新たに誕生した独立国家がまず直面した問題は，国内に共存する多数の民族をいかにして一つの国民にまとめ上げるかという問題であった．新興国のほとんどが植民地時代の行政区分を国境線として継承しており，国の発展の前提として「国民国家」（nation-state）の達成が重要な課題と考えられたのである．そのためにも国民の政治的統合とともに，人々のアイデンティティの拠り所となる「国民文化」の創造が求められた．

国民国家を目指した国語教育や文化政策は，多くの場合，特定の民族の伝統文化に正統性を与え，それを国民文化の核とする．マイノリティの立場にある民族は国家が正統性を付与した文化への同化が求められ，国家の中心に位置する民族と周縁に位置する民族の間に文化的な差別のみならず，政治的・経済的な格差を生み出していった．周縁民族の切捨て・抑圧はそれらの民族の反発を招き，「国民国家」の達成どころか，逆に国家の分裂を導いた．

民族間コンフリクトの増加によって，それまで「国民国家」というヴィジョン

に対するアフリカ諸国の信頼が揺らぎ始めた．その結果，特定の民族を優遇し他に同化を求める政策に代わって，文化的差異を尊重する多文化主義的な政策の導入を検討する動きが見られるようになった．その一つが，諸民族の伝統的な政治システムを活用した政策である．

3.3 アフリカにおける多文化主義政策

3.3.1 ポスト植民地時代の「首長位の復活」

アフリカにおいてとくに1990年代に入って顕著となった現象の一つに，研究者が「首長位の復活」(van Binsbergen, 1999 : 102)[1] や「伝統的指導者の地位の再起」(Oomen, 2005 : 27)[9] と呼ぶ一連の出来事がある．

「首長」(chief) とは，アフリカ諸社会の伝統的な権威者を指し示す言葉である．文化人類学においては，平等主義的で非集権的な社会と高度に階層化された集権的な社会のはざまに位置する「中間レベルの諸社会」(Earle, 1987 : 279)[2] の権威者として論じられることが多い．また，とくにアフリカ研究では，「王」(king) に代わる言葉として用いられる場合もある．

アフリカ諸社会における伝統的権威者の地位は，植民地支配から独立国家の誕生という時代の流れの中で，その役割を終えて消失するかに見えた．なぜなら，伝統的権威者達の正統性の拠り所は植民地化以前の政治システムにあり，西欧式の官僚制度を導入し「国民国家」の樹立を目指すアフリカの国々の新しい機構の中に彼らの居場所はないと考えられたのである．

ところが，とくに1990年代に入って，アフリカの様々な国において伝統的権威者の地位を見直す動きが見られるようになった．国内の諸民族の伝統的権威者達を保護する政策を打ち出したり，彼らに地方行政と関わる一定の権限を与えたりする国々が出てきたのである．例えばアザンテ（アシャンティ）という有名な王国を国内に抱えたガーナでは，1957年の独立直後の政権が伝統的権威者達の役割を減じ，地位の継承者選びにも介入しようとした．しかし1966年の軍事クーデター後には事態が一変し，1979年と1992年の憲法では，伝統的権威者達に地方行政と関わる権限を正式に与えるとともに，伝統的権威者達の人選に対し政府が介入することも禁止した．またウガンダでは，1962年の独立当時の政権がガンダ王国の王位を廃止して王族を追放したが，1990年代に入ると別の政権に

よって王制の復活が認められた．そのほかザンビアや南アフリカ共和国でも，国家が諸民族の伝統的権威者達に対し地方行政と関わる一定の権限を与えている．

アフリカ諸国において伝統的権威者の地位が再評価されるようになった理由は，それらの国家の弱体化と関わりがある．前節で論じたとおり，アフリカの国々のほとんどが植民地時代の国境線を継承している．したがって，国内にある雑多な文化集団を単一の「国民」としてまとめ上げる歴史的な正統性もなければ，「国民文化」と呼べるような共通の伝統文化ももたない．ゆえに，各民族において植民地化以前からの正統性をもつと考えられている伝統的な権威者達を承認し保護することによって，国家の正統性を補完しようというのである．そうした国家の思惑は，新しい官僚政治の中で生き残りを願う伝統的権威者達の望みとも一致した．

以下では，ナイジェリアを事例として，このアフリカ式多文化主義政策の現状と課題を見てみたい．

3.3.2 多民族国家ナイジェリア

ナイジェリアはアフリカ人の5人に1人がナイジェリア人と呼ばれる人口大国であり，日本のおよそ2.5倍の国土に，約1億3,000万人（世界第9位）の人々が暮らしている．豊富な天然資源を抱えており，中でも石油はアフリカ第1位の産出量を誇る．反面，富の不平等な分配によって，国民の大多数が貧困に苦しんでいる．軍政と民政を繰り返す不安定な政治情勢にあり，1960年の独立から現在までの約50年間のうち過半数の29年間が軍事政権下にあった．

ナイジェリアに貧困を生み出している大きな要因の一つが，国内に共存する民族間の摩擦である．他のアフリカ諸国と同じく，ナイジェリアも植民地時代の国境線を継承してできた国家である．1960年の独立後に初代首相を務めたタファワ・バレワ（Tafawa Balewa, 1912～66）は，ナイジェリアを指して「紙の上にのみ存在する」と言った．同国には300以上の民族が共生しているといわれているが，異なった民族に属する人々の間の対立や衝突が後を絶たない．

とくに1967年から70年にかけて，ナイジェリアではビアフラ戦争と呼ばれる内戦が起きた．同国に共生する諸民族の中でもハウサ人，ヨルバ人，イボ人は三大民族という位置づけにあり，それぞれがアフリカの中規模国家に匹敵する人口を抱えている．ビアフラ戦争は東部ナイジェリアの「ビアフラ共和国」としての

独立を掲げた戦争であり，東部において多数派を占めるイボ人達の分離独立戦争であったと言われている．1970年1月にビアフラ共和国側の無条件降伏によって終わりを迎えた．戦時中には150万人以上の餓死者が出た悲惨な戦争であり，アフリカの民族対立がもたらした悲劇の一つである[7]．

3.3.3 ナイジェリアにおける「首長位の復活」

ナイジェリアでは独立当初から各民族の伝統的な権威者達に地方行政と関わる一定の権限を与える政策が進められた．

1960年の独立にあたって，ナイジェリアは北部州，西部州，東部州の3州からなる連邦制を採用した．独立に先立つ地方自治の始まりとともに，1950年代には各州で両院制による議会政治が始まった．その際に，それぞれの州で両院のうち上院として設立されたのが首長院（House of Chiefs）である．首長院は貴族院や元老院に類する議院であり，州内の諸民族の伝統的権威者達をメンバーとした．

例えば東部州の場合を見ると，まず1956年に同州政府は「首長の承認に関する条例」（Recognition of Chiefs Law）を施行した．この法規によって，伝統的権威者の地位継承をめぐって住民達の間で争いが生じた場合，州政府がそれに介入し，首長の人選について最終的な決定を下す権限を公的に定めた．その上で，1959年には州内の諸民族の首長位を4等級に分類する制度を導入するとともに，東部州首長院を開設した．東部州首長院のメンバーは，4等級の首長のうち最高級（第一級）の首長達全員と，州下の各区（division）の代表として選ばれた第二級の首長達の一部，それに政府が指名した5人以内の特別メンバーであった．

ただし，独立直後の首長位の承認と首長院の設置に関わる政策は短命に終わった．ナイジェリアでは1966年に軍事クーデターが起こり，新たに発足した軍事政権が首長院の廃止と，それに関わる首長の承認の中止を命じたのである．

だが1970年代半ばになると，新たに伝統的権威者達を保護する政策が各州で施行された．それぞれの州で，政府は伝統的権威者達を地域社会の代表として認知し，一定の給与を支払うようになった．州によっては，伝統的権威者達に公用車を支給したり，宮殿の修理費などを公費によってまかなったりする場合もある．加えて州や地方行政区を単位として伝統的権威者達が集まる評議会を設置し，政府に対し助言を与える役割を課している場合も多い．この1970年代半ば

に始まった伝統的権威者の保護政策は，若干の修正を加えられつつも，現在に至るまで続いている．

3.4 アフリカ式多文化主義政策の問題点

3.4.1 「首長位の復活」をめぐる諸問題

　国家の正統性を補完する目的で領内の伝統的権威者達を承認する政策は，アフリカにおいて独立国家の誕生以降に始まった政策ではない．実は，植民地時代にも類似した政策がヨーロッパ諸国によってアフリカ諸社会に導入されていたのである．

　アフリカ大陸の植民地支配を開始したヨーロッパ諸国は，植民地統治にかかる経費を削減するためにも，アフリカに派遣する行政官の数を可能な限り少人数に抑えようと努めた．そのためにもヨーロッパ諸国はそれぞれ，現地のアフリカ人達を植民地支配のための代理人として用いる政策を考えた．とくにイギリス政府は「間接統治」(indirect rule) と呼ばれる統治方式を採用し，アフリカ諸社会の伝統的な政治システムを可能な限りそのまま植民地行政に利用する方針をとった．そして諸民族の伝統的権威者達を自らの管理下に置き，地方行政の代理人として流用することで，彼らを介して間接的にアフリカの人々を支配しようと考えたのである．その際，ときには自分達に反抗的な権威者を廃位し，代わりに協力的な者をその地位に就けることもあった．また，植民地統治の都合によって特定の伝統的権威者が支配する版図を変えることもあった．加えて，自らが統べる住民達との関係が弱まる一方で，植民地政府という強力な後ろ盾を得たことで，伝統的権威者達の権力は植民地化以前より増大したともいわれている．

　ポスト植民地時代の「首長位の復活」についても同様の指摘がある．「復活」した首長達はもはや唯一無二の権威者ではなく，国家との共存を余儀なくされている．もともと彼らの権威者としての正統性は，伝統的な政治システムのもとで彼らに従属する人々から与えられていた．しかし国家との関係を無視することができなくなった今，首長達は伝統的社会に身を置きつつも官僚政治の中に取り込まれ，結果としてこれまで権威者達と人々の間に存在した結びつきにほころびが生じていると指摘する研究者もいる．

　さらに伝統的権威者の保護政策については，もう一つ大きな問題がある．国内

の諸民族がもつ多種多様な政治システムを認め，それらシステムに準じて選ばれた権威者を承認し，地域社会の代表として一定の権限を与えるという政策は，それぞれの民族が一定の版図を統治する集権的な権威者をもっていることを前提とする．しかしアフリカの民族すべてに，王や首長と呼べるような集権的な権威者が存在するわけではない．諸民族の中には，集権的な権威者がおらずピラミッド型の階層制度をもたない，いわゆる「国家なき社会」(stateless society) あるいは「無頭社会」(acephalous society) が存在するのである．伝統的権威者の保護政策は，もともと集権的な権威者を戴かない民族諸社会にとってどのような意味をもつのだろうか？　以下では再びナイジェリアの例を見てみたい[6]．

3.4.2　「首長位の復活」と非集権制社会

　アフリカの社会や歴史を扱った概論書の中で「国家なき社会」あるいは「非集権制社会」の代表例としてしばしば取り上げられるのが，ナイジェリアの諸民族の中でも三大民族の一つに位置づけられているイボ人 (Igbo) である．

　植民地時代以前のイボランド（イボ人達の居住地）はゆるやかに結びついた複数の集落からなる雑多な社会集団の集まりであった．そしてそれらの社会集団の多くには，王や首長と呼べるような集権的な権威者は存在しなかった．世襲の地位はほとんどなく，人々は自らの才覚によって集団内での影響力を高め，他の人々から指導者として支持を集めた．そうした指導者は集団内に一人ではなく複数人存在し，複数の指導者が人々の支持を競い合っている状況が常であった．

　ところが，今日のイボ社会には住民達が「エゼ」(eze，あるいはイグウェ igwe) と呼ぶ権威者が存在する．「エゼ」とはイボ語で王や伝統的権威者を表す言葉である．もともと伝統的な権威者が存在しなかったイボランドの社会集団において，エゼとは1970年代の伝統的権威者の保護政策をきっかけとして生まれた地位である．つまりポスト植民地時代の「首長位の復活」において，もともと復活する首長位が存在しなかった非集権制社会では，保護政策をきっかけとして新しい首長位が生まれたのである．

　例えば，イボ人達が多数派を占める東部ナイジェリアの現イモ州の政策を見てみたい．ナイジェリアは1999年に民政移管を果たし，第四次共和制が発足した．表3.1は民政移管後の州政府が施行した条例からの抜粋である．法規によれば，エゼは伝統的な社会単位において，住民達の伝統と習慣に従って選ばれた権威者

表 3.1 イモ州における伝統的権威者の保護政策（1999 年　第 3 号条例）

呼称と定義
エゼ（eze） 「伝統と習慣に従って人々が同定，選出，指名し，かつ就任させた後，承認のために政府に披露した，自律的共同体の伝統的な，あるいはその他の長」
選出単位
自律的共同体（autonomous community） 「特定しうる地理的な一地域，あるいは複数の地域に居住し，一つあるいは複数の共同体からなり，共通の歴史的遺産とともに共通の伝統的，文化的生活様式によって結ばれ，政府によって一つの自律的共同体と承認され認可された，人々の集まり」
役割
① 式典などの機会に自律的共同体を代表する． ② 共同体の重要な来客を接見する． ③ 共同体の祭りを主宰する． ④ 文化，習慣，伝統の保護者を務め，これらについて共同体に助言を与える． ⑤ 共同体の法と秩序の維持において政府を助ける． ⑥ 共同体の安全に関わる諸事について，まち組合（共同体の自治組織）とともに審議する． ⑦ 共同体の開発計画を奨励する． ⑧ 税金などの徴収において，共同体を管轄する州および地方政府を助ける． ⑨ 共同体の安定と平和を促進する． ⑩ 相談と助言を求めるために地方行政区の議長が時として招集する集会に参加する． ⑪ 所与の共同体のまち組合と良好な関係を維持する．

出典：Imo State of Nigeria, Law No. 3 of 1999-Traditional Rulers, Autonomous Communities, and Allied Matter

である．ただし最終的にエゼとして認められるためには，政府からの承認を必要とする．

　今日のイボ社会において，エゼの地位に対する人々の関心は非常に高い．伝統的権威者の保護政策の導入以来，イボランドでは人々が自主的に新しく選んだエゼの承認を政府に求める運動が後を絶たない．伝統的な社会単位をいくつかの下位集団に分割し，それぞれの集団を独立した自律的共同体として主張するとともに，それぞれの集団から新しいエゼを選ぶのである．表 3.2 は，イモ州における自律的共同体（政府が承認したエゼの選出単位）の数の推移をまとめたものである．1999 年にはイモ州からアビア州が分離し，イモ州の面積は約半分に縮小した．州の面積が約半分になった今日でも，20 年前とほぼ同数の自律的共同体が存在するのである．なくなったエゼの喪中期間や，後継者の選出中の場合を除

3.4 アフリカ式多文化主義政策の問題点

表 3.2　イモ州の自律的共同体の数の推移

年	自律的共同体の数	州の面積 (km²)
1978 年	268	
1979 年	333	12,689
1980 年	376	
1999 年	303	5,530

き，これらの自律的共同体一つ一つにエゼが存在することになる．

　なぜ，もともと集権的な権威者が存在しなかった社会で，国家政策を契機として生まれた「創られた権威者」の地位が強い関心を集めているのだろうか？

　ナイジェリアでは現在，伝統的権威者の地位にある者が，共同体の発展に貢献した人物に対して，その功績を讃えて「首長位の称号」(chieftaincy title) と呼ばれる特別な称号を与えるという習慣が広く行われている．称号を手にした者はナイジェリアでは名士として扱われ，「首長」を名乗る．「首長」の肩書は学位（博士）や専門職（医者や弁護士）の肩書とともに名刺に記載されるほか，呼びかけの際にも必ず名前とともに肩書として読み上げられる．首長位の称号授与の習慣は民族の垣根を越えて行われており，研究者の中にはこの習慣を指して「（ナイジェリア）国内に広がったサブカルチャー」(Vaughan, 1999 : 319)[11] と呼ぶ者もいる．この習慣はイボ人達の間にも普及しており，1970 年代後半以降，エゼが共同体の功労者に対し首長位の称号を授与することが一般化している（図

図 3.2　エゼによる首長位の称号授与

3.2).

　植民地化以前のイボ社会にも称号制度は存在した．イボランドの各社会集団には称号結社（title society）と呼ばれる一連の結社が存在し，称号を獲得することは経済的に成功した人物がそれを社会的に認められるための手段であった．しかし今日では，植民地化以前から存在した伝統的な称号制度よりも，エゼが授与する首長位の称号のほうが人々の関心を集めているのである．

　エゼは，自分の領内の住民達のみを対象として首長位の称号を与えるわけではない．共同体の発展に対して目立った功績さえあれば，出身地や居住地は問題とされない．そのため称号の受領者達の中には他地域に住む者や，異民族の者まで含まれる．

　例として，イモ州エジニヒテ地方行政区のイトゥ自律的共同体の場合を見てみたい．イトゥは，イモ州とアビア州の境界をなすイモ川の西岸に位置する共同体の一つである．およそ4,700人の住民達が市場を中心に四方に広がる11の集落に分かれて生活を送っている．人類学者が「村落群」（village-group）と呼ぶ単位であり，1979年にイモ州政府から自律的共同体として承認を受けた．

　イトゥでは1983年からエゼによる首長位の称号授与の習慣が始まっている．首長位の称号は3種類あり，そのうち住民達が「首長」と呼ぶ称号はイトゥ出身者のみならず，他地域出身者にも授与される．1983年に称号が創設されてから2001年1月までの間に39名に称号が贈られている．彼ら39名のうち日常的にイトゥで生活を送っている者はわずか8名，およそ5人に1人にすぎない．残り31名のうち18名はイトゥ出身であるが，故郷を離れ他所で生活を送っている人々である．ラゴスやカドゥナなど，ナイジェリア西部や北部の大都市に住んでいる者もいれば，なかには海外（米国）に住む者もいる．さらに39名のうち3分の1に当たる13名はイトゥ出身でもなければ，イトゥに住んでいるわけでもない他地域出身者である．その中には2人の異民族出身者も含まれている．

　他地域出身の称号受領者達の多くは，社会的地位の高い企業家や専門家，あるいは政治家達である．とくに2人の異民族出身者は，一方は元連邦大臣，もう一方は元連邦政府長官と，連邦レベルで活躍する有力な政治家達である．

　共同体とほとんど関わりをもたない有力者達に対して首長位の称号を授与するという現象は，イボ社会のみならず，ナイジェリア全土で広く見られる現象である．ときどきナイジェリアの新聞には，大統領や州知事などの政府要職にある人

物が訪問先の地で現地の伝統的権威者から称号を贈られたという内容の記事が掲載されることがある．首長位の称号に関するこれらの記事には，共通の構図がある．最初に，訪問中の政府要人に対して，地元の伝統的権威者が首長位の称号を贈る．その後，その地の行政の長が挨拶を行い，称号を手にした政府要人に対して様々な要望を列挙する．その内容は，道路の舗装や上水道の整備，あるいは教育施設の修繕といった開発事業の実施や援助を請うものである．つまり称号を渡すことで将来の貢献を求めているのであり，貢献と称号授与の順番が本来とは逆になっているのである．いわば「称号の前払い」といえる現象である．

都市と農村の経済的格差が増加する中，共同体の自助開発を経済的に支える富者達は，共同体の内にではなく外にいる．さらに，道路の舗装や電気水道の整備など今日人々が求める大規模な開発計画は，たとえ経済的に成功を収めた都市居住者の協力を得たとしても，単一の共同体出身者達だけでは手に余る．いかにして政府からの援助を取り付けるかが大切であり，そのためには政府に顔のきく他地域出身者や異民族との関係も重要となる．

しかし都市居住者のすべてが故郷との間に深い結びつきをもつわけではない．ましてや経済的あるいは政治的影響力をもつ他地域出身者と共同体の間にはほとんど接点がない．そのような状況において首長位の称号は，都市居住者や他地域出身者達が共同体に目を向けるきっかけを与える．なぜなら，首長位の称号授与はナイジェリアの「サブカルチャー」となっており，エゼが与える称号は共同体や民族の垣根を越えて交換可能な象徴財である．つまりエゼの創造と首長位の称号授受は，多民族共生が求められる今日のナイジェリアの社会政治的状況の中で，イボ人達が外部社会との間に関係を再構築するための重要な手段となっているのである．

3.5 お わ り に

3.5.1 コンフリクト・マネージメントとしての多文化主義

途上国における多文化主義の議論については，「国家建設のジレンマをめぐる紛争をおさえ，予防し，安定した国家建設を行うための手段としての政策論の側面が強い」（都丸，2000：119）[10]との指摘がある．アフリカの歴史を振り返れば，コンフリクト・マネージメントを目的とした多様性の承認や管理はけっして

目新しいものではない．なぜなら，3.4.1項で述べたとおり，国内に共存する諸民族の管理を目的とした文化の利用は，アフリカでは植民地時代から行われていたのである．

　アフリカ諸国における「首長位の復活」を導いている伝統的権威者の保護政策は，いわば国家に対する地域社会の代表を決定する政策である．この政策には，コンフリクト・マネージメントとしての多文化主義政策がもつ問題点が非常によく現れている．

　伝統的権威者を地域社会の管理に用いる政策は植民地時代からの歴史があり，歴史的にみれば，この政策は多様性の承認よりも，既存の政治秩序を維持するための多様性の管理に利用されてきた．この政策は各民族に王制文化や首長制文化が存在することを前提としており，伝統的に集権的な権威者をもたない社会の文化を周縁化し，それら社会の文化の変革を求めている．その結果として，非集権制社会においては国家政策を契機とした新しい権威者の創造が見られるのである．

3.5.2　伝統の維持と文化的自由

　ただし非集権制社会における新しい権威者の創造の是非については，十分な検討を要する．これまでアフリカの非集権制社会における新しい権威者の創造については，それらの地位と植民地政策や国家政策の結びつきを強調し，伝統社会の非集権的な特徴にそぐわない存在として否定的に論じられることが常であった．

　しかし伝統文化の変革は一概に否定すべきことではない．国連開発計画は『人間開発報告書2004』[5)]の中で，「文化的自由および多様性の尊重と，伝統の擁護を混同してはならない」(p.5) と指摘している．文化的自由とは，伝統的な文化や慣習をただ盲目的に保守することではなく，変化する現実に合わせ様々な選択肢を検討し，文化を絶えず創造していくことである．

　その点を考慮すれば，非集権制社会における新たな権威者の創造もまた，変化する現実に合わせてそれら社会の人々が選んだ選択肢の一つだという側面が見えてくるだろう．ナイジェリアのイボ人達は内戦以来，戦争の敗者として異民族が支配する政府から蔑ろ(ないがし)にされているという被差別感を募らせており，それは現在まで続いている．そうした被差別感が募るなか，イボ人達は植民地時代から現在まで続く伝統的権威者を媒介とした「多様性の管理」を理解し，そうした外的社

会のありように自らを適応させようと試みているのである．

ただし，それが限られた選択肢の中の一つであることも忘れてはならない．そもそもコンフリクト・マネージメントを目的とした伝統的権威者の保護政策がなければ，新しい権威者の創造という選択もなかったであろう．実際，イボ社会でも「首長位の復活」によって様々な負の影響が生じている．例えば，イボランド各地でエゼの地位をめぐって人々が相争い，ときには死人まで出る騒ぎとなっている．また各地で起こる新しいエゼの承認を求める運動は共同体のさらなる分裂を引き起こしており，社会単位の細分化を招いている．また，各自律的共同体において本来自助開発のために用いられるはずの資金が，しばしばエゼ制度を維持するために大きく割かれる場合もある．

「首長位の復活」が引き起こすこれらの負の影響を考慮すれば，伝統的権威者の保護政策の抜本的な見直しが求められる．しかし伝統的権威者の保護政策は良くも悪くも植民地時代から続く歴史をもち，その政策の改革は容易なことではない．さらに代表制による民主政治を執る限りにおいては，地域社会の代表となる人々の数を制限することも必要であり，あらゆる形態の政治システムをすべて承認するというわけにもいかないだろう．アフリカにおける多文化主義政策は，多様性の容認と管理のはざまで揺れ動いているのである．

参 考 文 献

1) Binsbergen, Wim van: Nkoya Royal Chiefs and the Kazanga Cultural Association in Western Central Xam, E. Adrian B. van Rouveroy van Nieuwaal & Rijk van Dijk eds, African Cieftaincy in a New Socio-Political Landscape, pp. 97-133, LIT, 1999
2) Earle, Timothy: Chiefdoms in Archaeological and Ethnohistorical Perspective, *Annual Review of Anthropology*, 16, pp. 279-308, 1987
3) 法務省：平成19年版 在留外国人統計，法務省入局管理局，2007
4) 梶田孝道：「多文化主義」をめぐる論争点—概念の明確化のために—，初瀬龍平編，エスニシティと多文化主義，同文館，1996
5) 国連開発計画：人間開発報告書2004—この多様な世界で文化の自由を—，国際協力出版会，2004
6) 松本尚之：アフリカの王を生み出す人々—ポスト植民地時代の「首長位の復活」と非集権制社会—，明石書店，2008
7) 室井義雄：ビアフラ戦争—叢林に消えた共和国—，山川出版社，2003
8) 岡本真佐子：開発と文化，岩波書店，1996

9) Oomen, Barbara: Chiefs in South Africa: Law, Power & Culture in the Post-Apartheid Era, James Currey, 2005
10) 都丸潤子：発展途上国における多文化主義，国際協力論集，第7巻，pp. 117-130, 2000
11) Vaughan, Olufemi:Chieftaincy Politics and Social Relations in Nigeria, *Journal of Commonwealth and Comparative Politics*, **29**, pp. 308-326, 1991
12) 米山リサ：暴力・戦争・リドレス―多文化主義のポリティクス―，岩波書店，2003

4. 国際共生社会システムのモデリングとシミュレーション
―システムダイナミクスによる地域づくりの方法と事例―

4.1 地域モデルの背景

4.1.1 モデリングとシミュレーションの種類

　国際共生社会を実現していくためには，地域の人々とともに問題をシステム的に調査・分析し，現状や解決策・効果について共有の認識や目標をもつことが求められている．参加型地域づくりの代表的な手法としてワークショップがある．本章ではそのようなときに効果を発揮する手法として，問題の構造を因果関係の面から明らかにしてモデルを作成する（モデリング，modeling）手法と，その結果をもとに模擬実験（シミュレーション，simulation）によって様々な条件や効果を確かめる手法を紹介する[1]．

　社会システムのモデリングとシミュレーションの技法としては，N. ギルバート（Nigel Gilbert）ら[2]によれば，本章で中心的に取り上げるシステムダイナミクス（system dynamics; SD）をはじめとして，セルオートマトン（cellular automaton），マルチエージェントモデル（multi-agent model），学習と進化のモデル（遺伝的モデル：genetic model）などがあげられている．これらの手法は既に50年近い歴史を有しているが，一般に使われだしたのはパソコンとソフトが普及した1990年代からで新しい社会科学の方法といえよう．

4.1.2 モデリングとシミュレーションの入門ソフト

　本章では，このようなモデリングとシミュレーションによる問題解決の簡易支援ツールとしてSimTaKN（シムタくん）[3]を紹介する．このソフトは，2003年に筆者の企画提案により中村州男氏が開発したものである．その後5年間，教育・研究と自治体での研修や応用的研究を実施してきた．このソフトは，問題を

システム的に分析するシステム思考（systems thinking; ST)[4]という定性的手法と，その結果得られたシステム的な因果関係図を定量的にシミュレーションすることが可能なSDという定量的手法を同時に支援するソフトである．現段階では，ST/SD，OR（operations research），QC（quality control：品質管理）の入門ソフトとしての機能が中心である．上記のギルバートらの掲げたSD以外の様々なモデルには対応していないが，SD研究者の中にも蓮尾克彦氏[5]のようにSDとこれらのモデルとの接合を図る試みがなされているので，そのような可能性は今後の課題としている．

4.1.3　SDの歴史

SDの創始者はマサチューセッツ工科大学（MIT）のJ.W.フォレスター教授（J.W. Forester）である．SDは，『成長の限界』[6]で有名な世界モデル（world dynamics）[7]にも用いられている手法で，地球規模の人口・食料・資源・環境・生活の質などを1900年から2100年にわたってシミュレーションしている．そのほかには，地域を考える都市モデル（urban dynamics）[8]や，企業モデル（industrial dynamics）[8]など様々なレベルで，問題解決に応用されている．

SDの歴史を簡単に振り返ると，図4.1のように，1950年代から1980年代前半までの大型計算機やプログラム言語を用いていた専門家の時代と，それ以降のパソコンとドロー系の画面でストック・フロー図を描くことで自動的にSD方程式が作成できる簡易ソフトによって一般人にも利用可能な時代とに分けることができる．米国では，ビジネス界での応用が先行しているが，1990年からフォレ

1960年代	1970年代	1980年代	1990年代	2000年代
フォレスター	大型コンピュータ用SD DYNAMO、マイコン登場 FORTRAN, BASIC		PC用ドロー系SDソフト（ストック・フロー図） Stella, VenSim, PowerSim, SimTaKN （日本語版も90年代から徐々に登場）	
アーバン・ダイナミックス（ボストン）		国際的なSD研究の動向 個別課題に対応したモデリング＋基礎教育への応用		汎用、プロトタイプ モジュール化
その他 企業モデル 世界モデル		日本の地域モデルでは首都圏、津市、神戸、山梨、北海道の過疎地ほか 学術研究的モデルや自治体・シンクタンクなどの実用的モデル多数		
大学・研究者、専門家、コンサルタント、マニア		＋小学生から市民・NGO、企業・自治体職員		

図4.1　SDの歴史的概念（参考文献等から筆者作成）

スター教授を中心に ST/SD を K-12（Kindergarten = 幼稚園児から 12 学年 = 高校 3 年生まで）に広めようという活動も既に行われてきている[9]．

このような SD の時代的流れの中で，本章の中心テーマである地域モデルも様々なモデルが作成されてきた[10]．日本の代表例としては，東京都・埼玉県・千葉県・神奈川県をカバーする首都圏モデル[11] がある．このモデルのように大学の研究者や専門家やコンサルタントなど限られた人々の大規模な専門的かつ長期的なモデルから少しずつ変化してきた．近年では子供から市民や自治体職員までが参加する地域づくりに応用される簡潔で平易な短期的モデルへと応用範囲が広がりつつあるといえよう．

4.1.4 簡易 ST/SD 入門ソフト SimTaKN

本章で紹介する簡易シミュレータソフト SimTaKN は図 4.2 に示すとおり，基本的には他のドロー系ソフト（ステラ[12]，ベンシム[13]，パワーシム[14]）と同様に変数に相当する機能別の箱をリンクして，変数間の関係を表示し，それぞれの箱に式やグラフを設定するだけでシミュレーション可能なモデルを作成することができるソフトである．

モデリングとシミュレーションのためのステップを，マーニ（Maani）らは 5

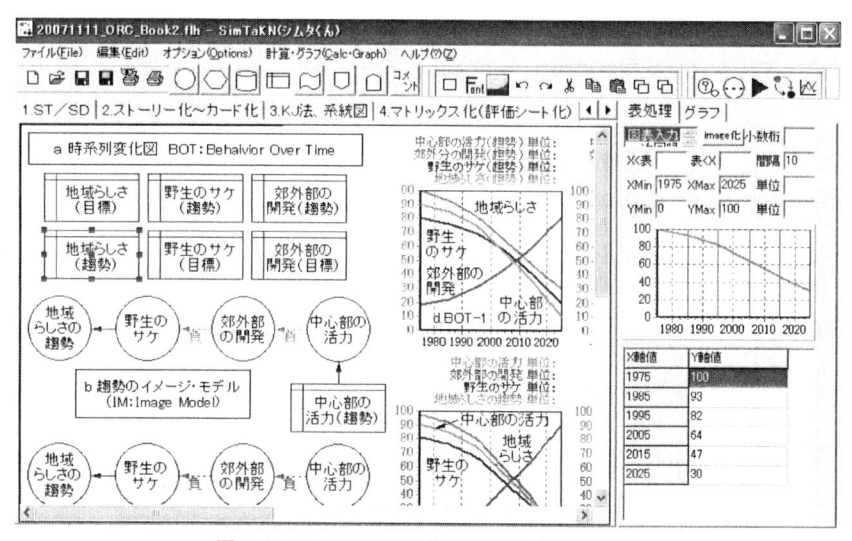

図 4.2　SimTaKN の操作画面の例（筆者作成）

段階に区分している[15]が,ここでは次の3段階に区分する.
① 問題の概念的整理と構造化
② ST:定性的モデリング(問題の機能的関係(因果関係など))と目標の定量化
③ SD:定量的モデリングとシミュレーション

以下ではこれらの段階ごとに解説するとともに,総務省の地域統計データベース(DB; data base)を利用した地域モデルの作成手順と,そのモデルを日本全国と比較参照するためのモデル(以下「参照モデル」: reference model)について説明する.

なお,本章の説明で想定する地域は,具体的な事例のほかにA.アトキソン(Alan AtKisson)のシアトルの事例[16]を参考にした仮想地域を用いて紹介することとする.

4.2 問題の概念的整理と構造化

地域の問題を概念的に整理する段階では,まず,関係する人々(ステークホルダー: stakeholder)の間で,いわゆる「状況定義(現状認識と目標設定)」を共有化する必要がある.ここではそのための手法として,① 物語化,② KJ法,③ 系統樹,④ マトリクス法を紹介する.関係者間で状況定義が共有化されていれば,これらは省略することも可能であるが,大切な作業である.

4.2.1 文章化(物語化)とキーワード抽出・カード化

最初の作業は,図4.3aのストーリー化(物語化)あるいはレポート化(文書化)と呼ばれる作業である.地域の問題の範囲や,主要な関係者とその影響,これまで変化してきた問題の経緯と将来の目標などを話し合いながら物語として記述する.

次に,図4.3bのように物語の主要な項目をキーワードとして抽出する.

さらに,それらのキーワードをカード化する.SimTaKNの機能では,図4.3cのように,キーワードから一括してカード化することが可能である.

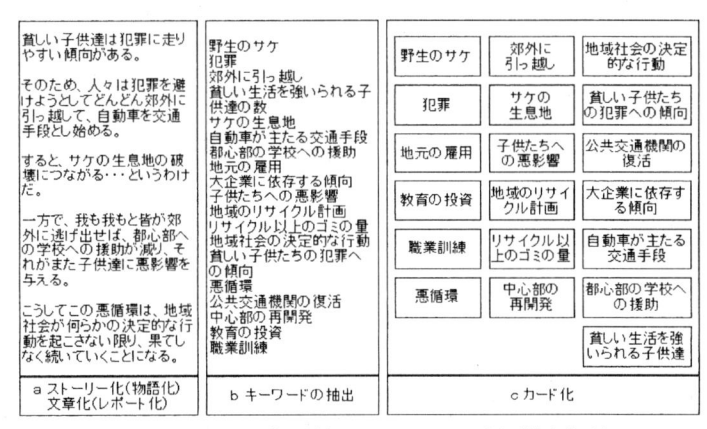

図 4.3 問題の設定の最初の 3 ステップの例（筆者作成）

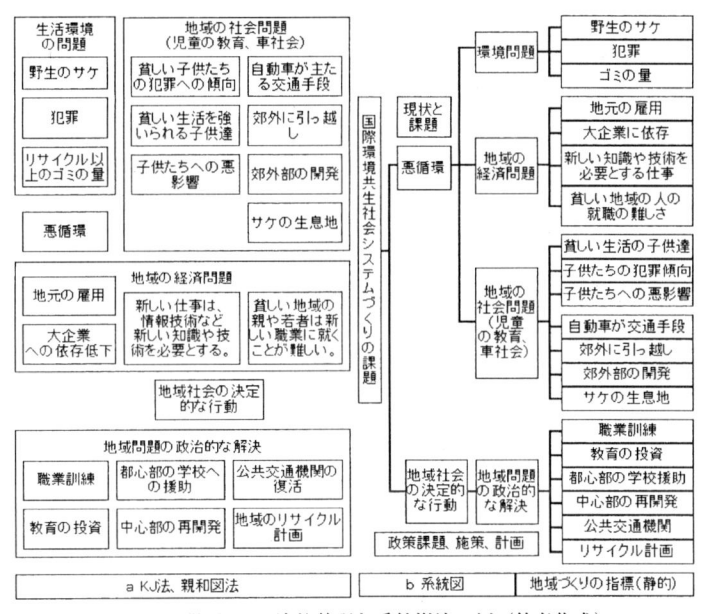

図 4.4 問題の KJ 法的整理と系統樹法の例（筆者作成）

4.2.2 KJ 法的整理と系統樹法

カード化された項目は，近い内容の項目や概念を寄せ集めてグループ化する手法（KJ 法，親和図法）によって分類整理する（図 4.4a）か，上位概念から下位概念に系統的に整理する系統樹法（図 4.4b）によって整理することが効果的な方法である．なお，KJ 法と系統樹法は，帰納法と演繹法という推論方法の練

大項目	中項目		小項目(具体的事象)	時間別			主体別		
				昔	現状	将来	市民	企業	自治体
国際環境共生社会システムづくりの課題	悪循環	環境問題	野生のサケ						
			犯罪						
			リサイクル以上のゴミの量						
		地域の経済問題	地元の雇用						
			大企業への依存低下						
			必要な新しい知識や技術						
			貧しい地域の親や若者の就職						
		地域の社会問題(児童の教育や車社会の問題)	貧しい生活を強いられる子供達						
			貧しい子供たちの犯罪への傾向						
			子供たちへの悪影響						
			自動車が主たる交通手段						
			郊外に引っ越し						
			郊外部の開発						
			サケの生息地						
	地域社会の決定的な行動	地域問題の政治的な解決	職業訓練						
			教育の投資						
			都心部の学校への援助						
			中心部の再開発						
			公共交通機関の復活						
			地域のリサイクル計画						
			総合評価など						

図 4.5 問題のマトリクス表示の例(筆者作成)

習とあわせて,相互に変換することができること,すなわち角度を変えた見方でもあることを理解することは,学生らの知的訓練としても有効である.

4.2.3 マトリクス法

系統樹法による問題の整理は,マトリクス(matrix:行列)として図4.5のように表現しなおすことができる.この図のように,カード化された最も具体的な項目の右側に,問題の時間別・主体別・空間別(上流域・下流域等)などを追加していくと評価シートや目標設定のシートとして利用できる.

このような問題整理や計画作成の方法は,小学生が参加するワークショップでも利用可能なわかりやすく馴染みやすい手法である.

4.3 システム思考(ST)

以上のようなステップは,概念の整理や問題の構造を理解する段階では有効である.しかしながら,KJ法や系統樹・マトリクスの背景にある項目相互の関係

は，この段階では明示されていない．これまでに見てきた項目の間には，様々な関係が隠されている．例えば，単純な相関関係や原因と結果の関係（因果関係），制度的な関係や論理的な関係などである．このような項目（変数）間の関係性に着目して，問題を機能的に分析する手法としてSTを紹介する．

4.3.1 ステップバイステップ

もっとも馴染みの深い項目間の関係は，問題解決の最初の作業として行った物語化（ストーリー化）や文章化である．項目を一つずつ順番に説明していくこの方法は図4.6のようにほぼ自動的に図化することができる．図4.6aでは固定された箱であるが，SimTaKNでは図4.6bのように一つずつ大きさが変わっていくステップバイステップ機能で図をダイナミックに説明することができる．

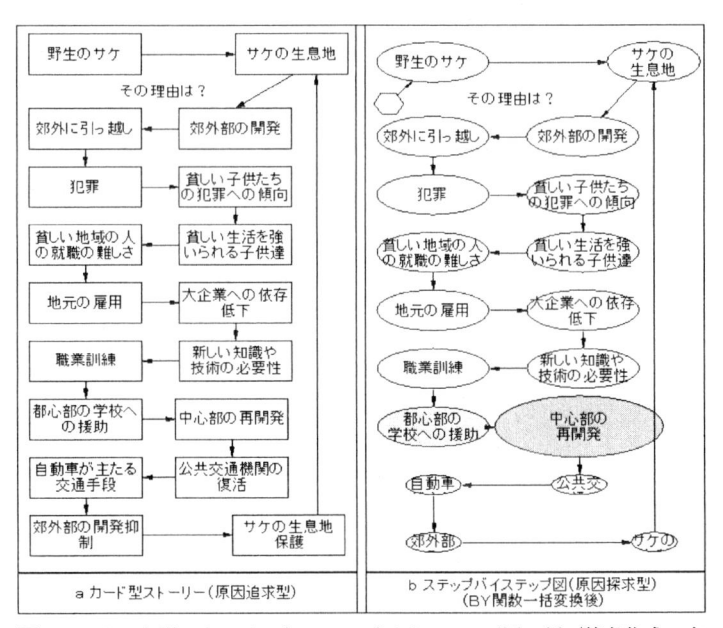

図4.6 カード型ストーリーとステップバイステップ図の例（筆者作成：右図bで大きくなっている○が逐次移動していく）

4.3.2 因果ループ図（CLD）

ステップバイステップは，文章として説明しやすく理解もしやすいが，単線的な思考に陥る危険性がある．いわゆる「風が吹けば桶屋が儲かる」式の思考であ

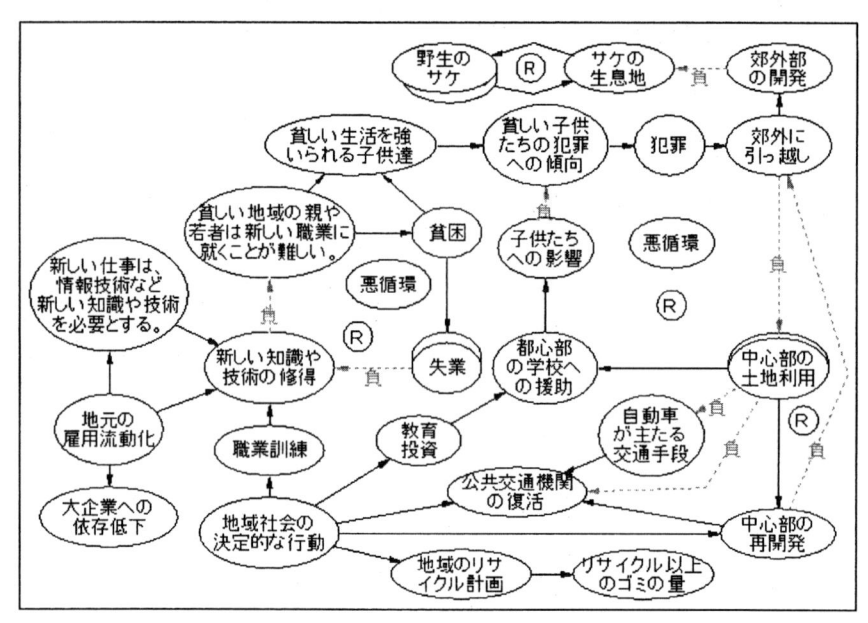

図 4.7　因果ループ図（CLD）の例

る．

　現実は，もっと複雑な因果関係の様々な連環（輪，ループ：loop）によって構成されている．そのような因果関係のループを図化する手法が，図4.7のような因果ループ図（CLD; causal loop diagram）[17]である．原因の項目から結果の項目に矢印を結ぶ．このことをリンク（link）という．一つ一つのリンクは，原因が増加（減少）すると結果も増加（減少）する正の関係（プラス plus や同じ same とも呼ばれる関係）と，逆に原因が増加（減少）すると結果が減少（増加）する負の関係（マイナス minus，反対 opposite とも呼ばれる関係）に分類する．図4.7では負の関係だけ破線で負と表示されている．

　因果ループ図は問題の循環構造を見つけ，そのループ内の負の関係が0または偶数ならば拡張関係（R: reinforce），奇数であれば均衡関係（B: balance）になることから，全体的なシステムの挙動（behavior）の把握に役立つ．

4.3.3　時系列変化図（BOT）

　問題の項目（変数）を時間的な流れの中で定量的なイメージとして変化する様子を明らかにする道具が時系列変化図（BOT; behavior over time）である．

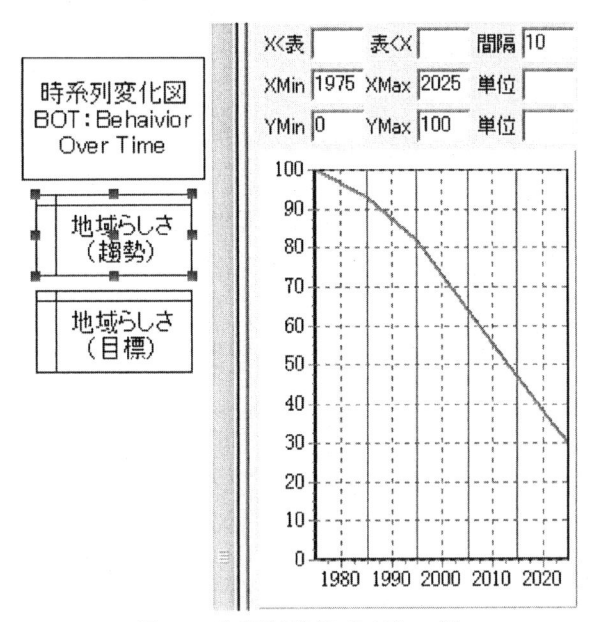

図 4.8 時系列変化図（BOT）の例

図 4.8 のように「地域らしさ」が趨勢的に失われている地域では，目標値として，いつまでに何年ぐらい前の地域の状態に戻すことを目指すのか，話し合うことから始める．

このようなイメージを表すのに何が象徴的な指標（symbolic indicator）となるか，そのような議論で地域らしさを再発見する機会にもなる．この例では野生のサケが指標となっている．

4.3.4 イメージモデリング

このような地域の状態について，イメージの段階でモデルを作成して動かしてみることができる．これをイメージモデリング（image modeling; IM 法）と呼ぶ．統計データや変数間の統計的関係などを調査する前に，モデルでシミュレーションを行ってみることができる．図 4.9 は地域らしさの変化をイメージして，その結果をグラフ化したものである．

4.3.5 モデル方程式

SimTaKN で用いられている SD の方程式は，いわゆる逐次計算で，ストック

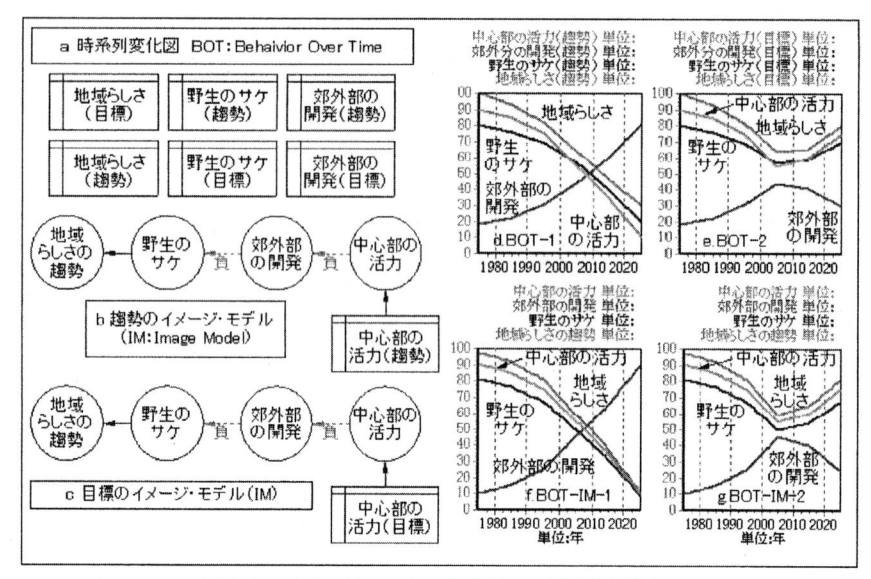

図 4.9 イメージモデリング(IM)の例(筆者作成)

(stock, 蓄積)の計算時に前期の値($t-dt$)から今期の値(t)が計算される.ストック以外の変数(フロー, flow)は dt に対応している.本章では1年間の変化を dt としている.

SimTaKN のモデル方程式は「Excel データ書込」機能で,例えば,次のように出力される.

野生のサケ(t) = 野生のサケ($t-dt$) + (増加 − 減少) × dt,　初期値 = 10,000
　　増加 = 野生のサケ × 0.05 × サケの生息地 + サケの稚魚の放流
　　減少 = 野生のサケ × 0.05
　サケの稚魚の放流 = 0
　サケの生息地 = 1/ 郊外部開発の影響
なお,「郊外部開発の影響」以下は省略. t は 1975〜2025 年, $dt = 1$.

4.3.6　問題の因果関係と政策効果のイメージ

このようなイメージモデリング(IM 法)で,地域の複雑な問題の相互関係や地域づくりに必要な政策や具体的な行動計画の効果を事前に想像することができる.

4.3 システム思考（ST）

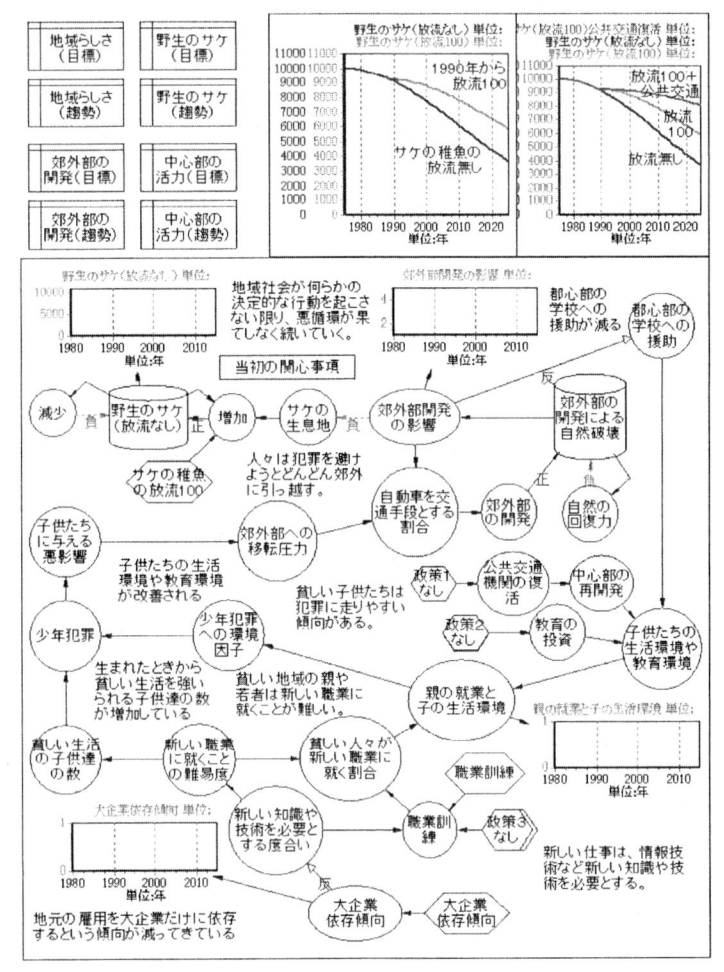

図 4.10 問題の因果関係と政策的効果のイメージモデル（筆者作成）

　本格的な SD モデルとして統計データとの整合性を図りながら計量的にモデルを作成することは専門的な知識やかなりの日数や時間を要する（問題やモデルにもよるが，週単位や月単位の作業となる）．

　一方，IM 法では，2〜3 時間程度の作業で，図 4.10 のような地域の人々のイメージに近いモデルを作成することが可能で，政策や行動計画の効果をイメージでシミュレーションしてみることも可能であるので，参加型計画手法としてはIM 法の方が有効である．

4.4 システムダイナミクス (SD)

イメージモデルから本格的な SD を作成するには前述のように専門的な知識とノウハウ，日時を必要とする．しかし，近年の情報化の成果としてインターネットで，市町村単位でも様々な時系列の統計データが入手可能になってきている．この傾向は，さらに加速されると思われるので，SD のモデリング自体も，それらのデータを利用してなるべく簡単にモデル化してシミュレーションできる工夫が求められているものといえよう．

本節では，総務省のデータベース（data base; DB）を活用した地域 SD モデルと，そのような地域モデル（図 4.11）から得られた結果（図 4.12）を全国と比較してみた場合に，全国の平均的な地域とどのように違うのか，比較の参考とな

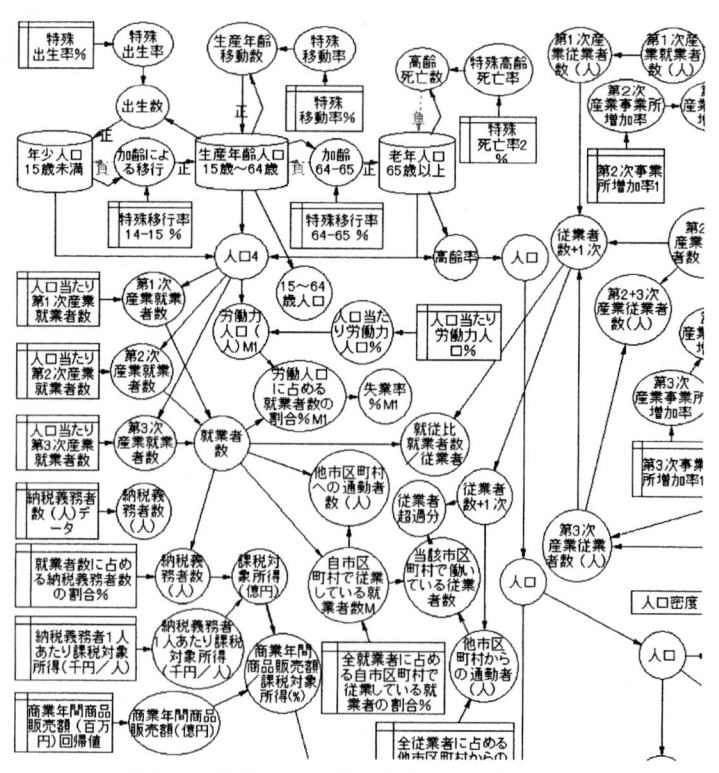

図 4.11 地域モデルの作成方法と例示（筆者作成）

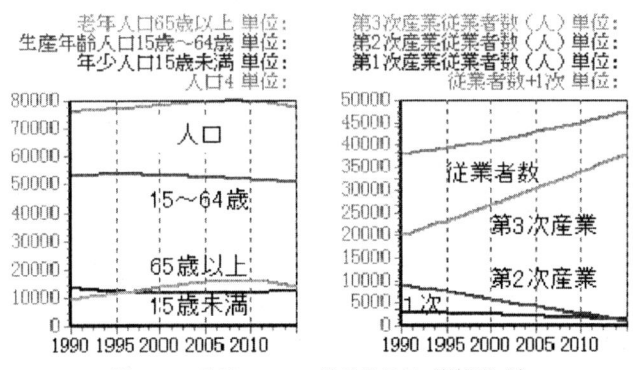

図 4.12　地域モデルの推計結果例（筆者作成）

るモデル（参照モデル：reference model）を紹介することとする．

4.4.1　総務省 DB 活用地域 SD モデル

モデルは筆者の HP[3)] からダウンロード可能で，モデルの作成方法も解説されている．データは次の URL から一度に時系列で 25 指標入手可能となっている．

都道府県：基礎データ 約 710 項目，指標データ 約 620 項目
市区町村：基礎データ 約 100 項目，指標データ 約 40 項目
統計データ・ポータルサイト http://portal.stat.go.jp/ の中にある地域別統計
データ：コミュニティ・プロフィール Navi のリンク
http://portal.stat.go.jp/apstat/topProNavi.html

4.4.2　全国参照 SD モデル

「もし私達の地域が日本並みならば・・・どうなるか」というような疑問に答えるためのモデルを全国参照モデル（レファレンスモデル，図 4.13）として作成した．

全国参照モデルは，産業連関表 1990-95-2000 の IO 表[18)] を産業大分類に集約したものと国民経済計算統計を利用して作成した．モデルの構成は，図 4.14 に全体を示しているが，① マクロ経済サブモデル（図 4.14 中央左），② 第 1～3 次産業サブモデル（図 4.14 中央右，下段左右），③ 中間投入サブモデル（①・②の各右下），④ 産業連関表形式での表示サブモデル（図 4.14 上段）から構成される．全体で 757 本の方程式からなる大規模なモデルである（モデルの方程式は

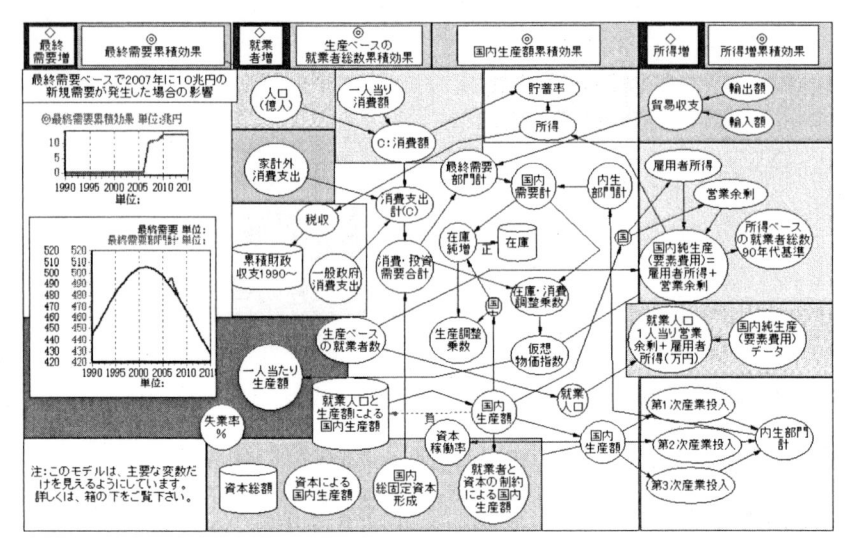

図 4.13 参照モデルの主な項目（筆者作成）

ネット上で公開）．主な項目として，人口，就業者数，消費支出（家計外消，民間，一般政府），在庫，輸出入，最終需要部門，生産調整乗数，財政基礎収支，仮想物価指数，国内純生産要素費用（営業余剰，雇用者所得），就業人口による国内生産額，資本による国内生産額などを推計している．

図 4.13 の左側のグラフは，最終需要の累積効果（乗数効果に相当）を示している．

4.4.3　全国参照モデルの使用例 1（1 時点データでの利用）

前記の全国参照モデルを用いて，1 時点だけ（ここでは 2005 年）の特定地域の人口と産業大分類別就業人口（合計と 1～3 次），昼夜間人口比という 6 項目のデータだけで地域の変化を推計してみた．対象とした地域は，東京都，埼玉県，高知県，神戸市，川崎市，館林市，板倉町である．その結果，人口 1,200 万人の東京都から 15,000 人の板倉町まで，一つの全国参照モデルの数値を変更するだけでそれぞれの地域に対応したおおよそ妥当と思われる将来の推計値が得られた．地域の概観を把握する際にはきわめて簡便な方法で役に立つものと思われる．

4.4 システムダイナミクス (SD)

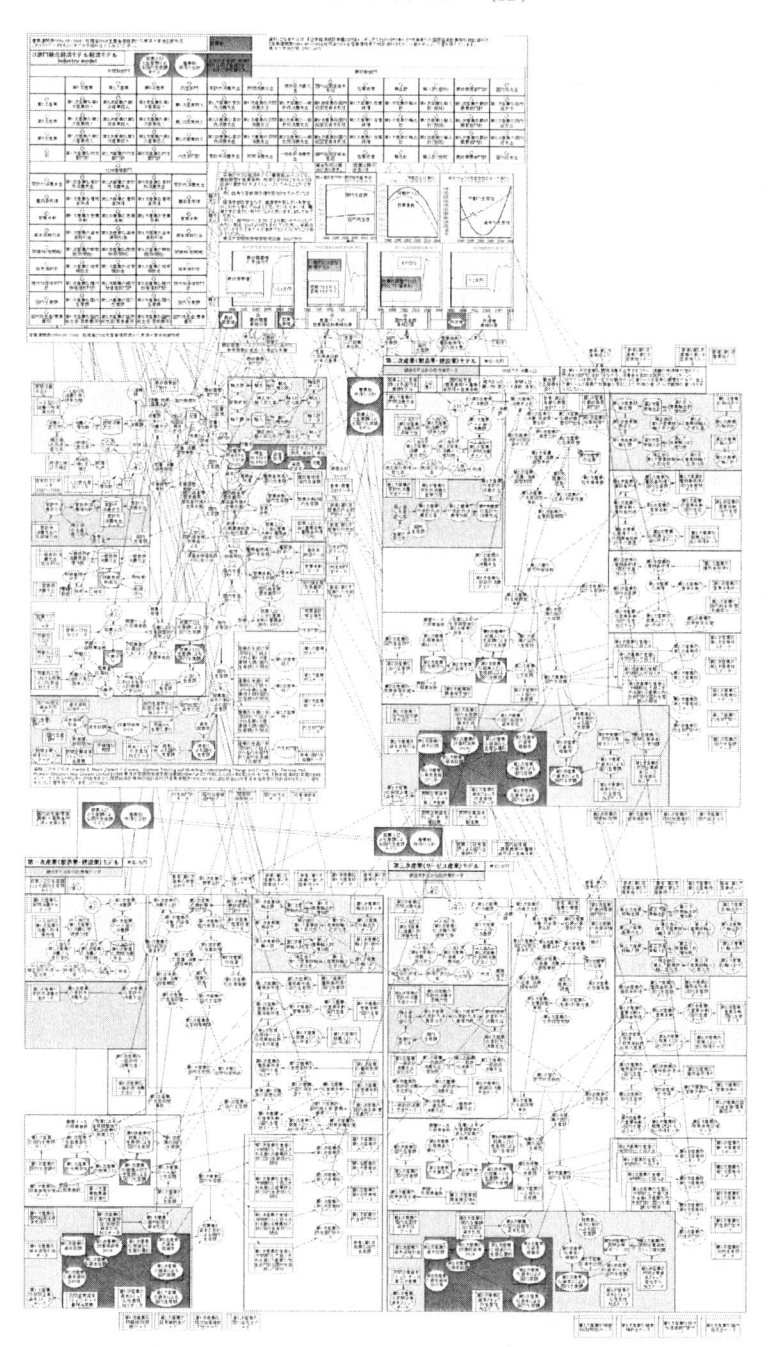

図 4.14 全国参照モデルの全体（レポート化の部分を除く，筆者作成）

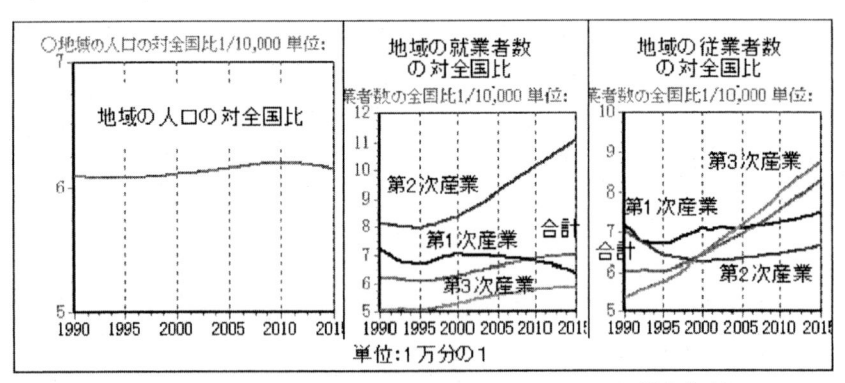

図4.15 地域モデルの全国参照モデルによるチェック例（筆者作成）

4.4.4　全国参照モデルの使用例2（地域SDモデルを用いた利用）

前記の全国参照モデルを用いて，個別に作成した地域ＳＤモデルの将来推計値を参照モデルに入れて「日本全国」と比較した状態で評価する方法を作成した．地域モデルから取り込む推計値は人口，産業大分類別の就業者数と従業者数の9項目，1990～2015年の各年値である．

その結果は，図4.15に示すとおり，館林市の地域モデルによる人口は，対全国比でみると微増か，ほぼ横ばいである．就業者数の全国比では，1次産業の就業者の減少傾向が続くが，2次産業の大幅な伸び，3次産業の伸びで，全体では増加傾向が推計される．従業者数の全国比では，第1次から第3次産業まですべて増加傾向にある．とくに第3次産業の伸びは大きい．これらのことから，地域モデルの推計値は就業者ベースでは第2次産業の減少が全国と比較して少なすぎる傾向にあり，従業者ベースでは第3次産業の増加が高すぎる傾向にあるのかもしれないといえよう．

以上のように，地域モデルの推計結果を全国参照モデルに取り込んで全国との比較で推計しなおすことは，地域モデルの結果が全国値と比較して異常か正常か，どこに地域の特徴があるか，何が強みか弱みか，などの疑問に一定の示唆を与えてくれるものといえよう．

4.5　おわりに

本章では，国際共生社会システムの実現のために，モデリングとシミュレーシ

ョンの可能性を紹介した．参加型地域づくりの手法としての可能性や，専門的なモデリングとシミュレーションを統計 DB で簡易化する可能性などを示唆できたといえよう．本章のさらに詳細な内容は池田の HP[3] や報告書[21] があるので参照されたい．

本章では，国内の事例で紹介しているが，海外とくに途上国では地域レベルの統計 DB が未整備か，未公開であることが多い．そのような場合には，IM 法でのモデリングとシミュレーションを活用することが望まれる．

今後，上記のような ST/SD の応用に向けた研究だけではなく，『人工社会』[18]を研究するマルチエージェントモデル[19] など，モデリングとシミュレーションの手法面でも多様化を図り，国際共生社会システムの地域づくりに役立てていくことが必要である．これらのことは，今後の課題としたい．

最後に，ST/SD の共同研究者末武透氏と SimTaKN の開発・改良に尽力されている中村州男氏をはじめ，SimTaKN での教育・研究・研修などに積極的な協力を頂いた自治体や地域の方々，学生・院生，JICA 研修生，SD 学会の方々に心から感謝の意を表して本章の結びとしたい．

参 考 文 献

1) 池田　誠：「8. 地域の共生と参加型決定過程」，東洋大学国際共生社会研究センター編：環境共生社会学，朝倉書店，2004
2) ナイジェル・ギルバート，クラウス・G・トロイチュ著，井庭　崇，岩村拓哉，高部陽平訳：社会シミュレーションの技法，日本評論社，2003
3) 池田　誠のホームページ http://www2.toyo.ac.jp/~mikeda/
4) バージニア・アンダーソン，ローレン・ジョンソン著，伊藤武志訳：システム・シンキング（問題解決と意思決定を図解で行う論理的思考技術），日本能率協会マネジメントセンター，2001
5) 蓮尾克彦：CIO のための IT プロジェクト経営，システムダイナミックス学会日本支部，「システムダイナミックス」，No.6, 2007
6) D. H. メドウズ，D. L. メドウズ，J. ラーンダズ，W. W. ベアランズ 3 世著，大来佐武郎監訳：成長の限界，ダイヤモンド社，1972
7) ジェイ・W・フォレスター著，小玉陽一訳：ワールド・ダイナミックス，(株) 日本経営出版会，1972
8) 小玉陽一：BASIC によるシステム・ダイナミックス，共立出版，1980
9) 末武　透，池田　誠：米国における初等・中等教育での ST/SD 教育 K-12 の歴史・方向性と日本における効果的な ST/SD 教育に関する考察，システム・ダイナミ

ックス学会日本支部「システムダイナミックス」No.6, pp. 39-54, 2007
10) 末武 透，池田 誠，中村州男：日本における SD 研究と新しい方向性の考察〜地域モデルを中心とした考察〜，システムダイナミックス学会日本支部，「島田俊郎先生記念 JSD CONFERENCE 2008」発表論文集，2008
11) 島田俊郎，池田 誠：システムダイナミックスの「首都圏モデル」検証 第2報―PC 用 STELLA モデル―，明治大学「明治大学教養論集」387 号，pp. 73-96, 2004
12) ステラの紹介ホームページの URL：http://www.iseesystems.com/
13) ベンシムの紹介ホームページの URL：http://www.muratopia.org/JFRC/sd/Japanese.html
14) パワーシムの紹介ホームページの URL：http://www.posy.co.jp/
15) Maani, Kambiz E. and Cavana, Robert Y.: Systems Thinking and Modelling: Understanding Change and Complexity, Prentice Hall, Pearson Education New Zealand Limited, 2000
16) A. アトキソン著，枝廣淳子監訳：カサンドラのジレンマ：地球の危機，希望の歌，PHP 研究所，2003
17) ダニエル・キム，バージニア・アンダーソン著，ニューチャーネットワークス監訳／宮川雅明，川瀬 誠訳：システム・シンキング トレーニングブック（持続的成長を可能にする組織変革のための8つの問題解決思考法），日本能率協会マネジメントセンター，2002
18) 「平成 12 年（2000 年）産業連関表」，総務省，2004
19) 山影 進：人工社会構築指南，書籍工房早川，2007
20) 池田 誠，末武 透，中村州男：SD を使ったミレニアム・ゴール達成の考察，システムダイナミックス学会日本支部，システムダイナミックス，No. 7, 2008
21) 池田 誠：参加型地域システム・モデリングの研究のその後，東洋経済地域活性化研究所「所報」，No. 5, 2008

第 2 部

国際共生社会の新たなパラダイムに向けて

5. 国境をまたぐ地域開発による地域の安定化への貢献
―ボトムアップによる地域の安定化の道―

5.1 はじめに

5.1.1 なぜ国境をまたぐ地域開発が求められるのか

　今日，国際ニュースをみるとアジアやアフリカでは国境での紛争が多く伝えられている．その映像をみると，砂漠などで辺境という言葉が当てはまるような場所が少なくない．今日の国民国家は国土，国民および統治機構があり，それが国境によって守られている．このように国境はその障壁が特徴である．一方 ASEAN などにおいて国境が開かれ，両国の人々が交流したり，新たな発展が始まったというニュースも伝えられている．また，EU では人の移動においては国境の障壁そのものがなくなっている．このように国境の障壁も低くなりつつある．

　国境の障壁にもかかわらず，地域間の交流や経済関係の緊密化が様々な地域で進んでいる．このような地域どうしの関係の進展は国と国の関係の改善，強化の第一歩になるものと考えられる．とくに国境を接する地域どうしのこのような取組みの継続は，相互の信頼性の向上とともに共同した事業などにより，相互の一致した利益をベースにボトムアップによる地域の安定化の可能性を有しているといえる．すなわち，「国家間の関係改善」→「国境の障壁の低下」→「国境をまたぐ地域開発による相互の社会経済関係の強化」→「国家間の関係改善の促進」という一連の流れの形成が望まれる．

　しかしながら，北東アジアにおいては政治体制の違い，大きな経済格差，歴史的経緯などから国家間の関係は必ずしも良好とはいえない．その一方で EU の成功や ASEAN 諸国の取組みをふまえ，北東アジアあるいは東アジアでも EU と同様な共同体の形成を目指すべきであるという提案がなされている．現実には，環

渤海圏など局地的な経済的な結び付きによる自然発生的な経済圏の萌芽が見られるに過ぎない．また，共同体の可能性についても現実には困難という見方が少なくない．

上に述べたように北東アジアでは国家間の政治的関係は必ずしも良好ではないが，一方で経済的なつながりは強くなりつつある．また，わが国の国土形成計画案においてもアジア諸国との連携が述べられている．さらに，自治体や地方政府レベルでの交流も進みつつあるが，まだ限られた範囲にとどまっている．北東アジアにおいて国境をまたぐ地域開発に取り組むことにより，地域レベルから一歩ずつボトムアップによる地域の安定化につなげていくことが求められている．

筆者はこれまで発展途上国における地域開発のあり方について研究してきた．その中で，発展途上国においても参加によるボトムアップ型の地域開発が重要であることを明らかにし[1]，それを限られたキャパシティの中で実現していくためのガイドラインを提案した[2]．国境をまたぐ地域開発においても，双方の地域の参加による地域開発が行われることができればボトムアップによる地域の安定化の第一歩になると考えられる．このことは国際共生社会を構築するための一つの道と考えられる．

5.1.2 本章の流れ

第5章においては，まずはじめになぜ国境をまたぐ地域開発が求められるのかを述べる．次いで国境をまたぐ地域開発への取組みの先行事例を紹介する．さらにこの事例により得られた成果と教訓を述べる．次いで，以上のことをもとに国境をまたぐ地域の開発のパターンを整理し概念的なモデルを提案する．このモデルにより，国境をまたぐ地域の協調した地域開発の実現のための方策について提案する．

5.2 国境をまたぐ地域開発への取組みの事例

5.2.1 これまでの取組みの事例

本節においては国境をまたぐ地域開発への取組みの様々な事例を述べる．まずはじめに国境をまたぐ地域開発を地域開発政策の重点の一つにおいているEUを取り上げ，具体的な事例として「環バルト海圏」について述べる．次いで，交通

回廊を整備し国境の障壁を低くする試みを進めている大メコン圏（GMS）の事例を取り上げる．さらに，北東アジアにおける具体的な国境開放政策の事例として中国辺境開放地区について述べる．この他，多国間のマクロ的な計画を作成しそれをふまえた開発を進める考え方の例として，わが国の研究機関により提案されている北東アジアのグランドデザインがあるが，紙幅の関係でここでは述べない．ただし，これらの事例のうち国境をまたぐ地域開発といいうるものはEUの事例のみでそれ以外はその前段階と位置づけられる．

5.2.2 EUにおける取組み

a．EUの地域政策　EUは，その前身であるEECの時代から域内各国，地域の格差是正がその結束のために重要との認識に立っていた．このため様々な政策がとられてきたが，1993年以来域内の経済発展の遅れた地域に対する特別な支援制度を設けている．

その中で，国境を越えたあるいは国や地域相互の協力と域内の均衡のとれた開発により，EUの社会経済的結束を強化することを目標としたInterreg IIIおよびその他の支援制度が設けられ，2000〜2006年の7年で2,130億ユーロの予算が用意された．このInterreg IIIにはA，B，Cの3つの類別があり，Interreg IIIAはcross-border cooperationすなわち国境を越えた協力（EU内部，EUの外側），Interreg IIIBはtransnational cooperation 国をまたぐ協力，Interreg IIICはinter-regional cooperation 地域間の協力である．

Interreg IIIA（国境を越えた協力）は持続可能な発展のため連携した戦略を通して国境を越えた社会経済的な開発を行うもので，都市，地方，沿岸域の開発，国境を越えた地域の分析，中小企業や観光の振興，地域企業・雇用促進事業の開発，統合された労働市場と社会的な統合，研究・技術開発，教育，健康などの協力，環境保護，エネルギーの効率化と更新可能なエネルギー開発，国境越えのための基本インフラ整備，制度・行政分野の協力および技術協力が支援の対象とされている．このInterreg IIIAは国との密接な協力のもとに地域・地方機関が主務となる．

Interreg IIIB（国をまたぐ協力）は，EU域外も含めより大きく集約された国をまたぐ地域間の持続可能な開発のためのより高度な協力である．

環海圏を含むInterreg IIIBには次の13地域グループがある．すなわち，西地

表 5.1 EU の環海圏開発の特徴

番号	特徴の内容
1	EU 全体のグランドデザインやプログラムとの調和をはかる
2	EU 内の統合のための均衡ある発展をめざす
3	周辺の域外国との国境を越えた協力
4	環海圏地域開発の対象地域と目標の明確化
5	文化的共通性が環海圏としてのアイデンティティを形成
6	先行する 2 国間,多国間協力をふまえた協力プログラム
7	国・地域の協力に対して EU としてのメリハリのついた財政支援
8	計画実施・評価のための明確な手順と組織
9	ハードだけではなくソフト(法制,組織など)の重視
10	参加による計画と実施

出典:"Regional Policy Inforegio Community initiative programmes" 2002, "Baltic Sea Region INTERREG IIIB Neighbourhood Programme 2000-2006" 2004 から筆者作成

中海,山岳地域,環大西洋,南西ヨーロッパ,北西ヨーロッパ,北海地域,バルチック海,北方辺境,環地中海,カリブ海地域,アゾレス-マデイラ-カナリー地域,インド洋・レユニオン諸島地域である.

EU の地域開発,とくに環海圏地域開発の特徴をまとめると表 5.1 のようになる.このように EU においては域外国も含めた一体とした地域開発を進めている.このような計画に先行する 2 国間の交流・協力も取り込んだものとなっていることに着目したい.

b. 環バルト海圏の事例 環バルト海圏開発計画 (Baltic Sea Region INTERREG IIIB Neighbourhood Programme 2000-2006) にはバルト海を取り囲む国,すなわち従来の加盟国であるドイツ,デンマーク,スウェーデン,フィンランド,新規加盟国であるリトアニア,エストニア,ラトビア,ポーランドおよび域外国としてロシアならびに隣接するベラルーシが含まれている.この計画において,これらの国々の一体的な開発の方向が,経営の分野で発達し,地域計画においても地域の特性を分析し開発計画を策定するために使われている SWOT 分析により整理されている.計画の分野としては,経済,環境・文化,都市・居住,交通・通信・エネルギー,沿岸域および島嶼,観光の諸点である.このうち

経済についていえば，
- とくに環バルト海地域東部と新たなドイツの領域は経済開発の促進が統合の前提
- 物理的，組織的障壁の打破が海陸両面の結びつきに必要
- 新たな経済システムの下での人口希薄な国や地域の開発の成功への支援
- ドイツ，ポーランド，ロシア，ベラルーシ相互とその背後との体系的な連携

があげられている．これらの観点に沿ったプロジェクトがEUとしての支援の対象となる[3,4]．

5.2.3 大メコン圏における取組み

a. 大メコン圏の回廊 メコン川の流域である中国雲南省，ミャンマー，ラオス，タイ，カンボディア，ベトナムおよびベトナムに隣接する中国広西チワン族自治区からなる地域をメコン地域といい，アジア開発銀行（ADB）のイニシアティブにより大メコン圏（GMS；Greater Mekong Subregion）として様々な経済協力が行われている．この中でもモラミャイン（ミャンマー）-タイ-ラオス-ダナン（ベトナム）を結ぶ東西回廊，バンコク（タイ）-カンボディア-ホーチミン（ベトナム）を結ぶ第2東西回廊，昆明（中国）-ミャンマー/ラオス-バンコク（タイ）を結ぶ南北回廊があり（図5.1参照），国境をまたぐ交通基盤の整備により新たな輸出加工区がつくられるなどの地域開発が進められている．しかし一体的，計画的な地域開発になっているわけではない[5]．

b. 国境の障壁を低くする取組み 施設面で見ると，東西回廊がタイ-ラオス国境で

図5.1 大メコン圏と交通回廊（注5）に示すJICA資料 p.14に作者加筆

メコン川を渡河する第2メコン国際橋が日本のODAにより2007年に開通し東西回廊が完成した．また，第2東西回廊はわが国やADBなどの協力により道路の改良が進められており，カンボディア領内でメコン川を渡河する橋梁についてもJICAのフィジビリティスタディが終了している[6]．また国境通過を容易にし国境の障壁を低くするため，手続きの簡素化や限定的だが車両の相互乗入れなどが進められており，移動が容易になっている[7]（図5.2）．

図5.2 ベトナム-カンボディア国境の現状（筆者撮影）
注：第2東西回廊ベトナム-カンボディア国境のベトナム側の出入国管理施設．遠方に小さくみえるのがカンボディア側の出入国管理施設

5.2.4 中国辺境開放地区

a. 中国辺境開放地区の経緯と概要　中国は長大な国境線を有している．しかしながら改革開放政策がとられるまでは周辺諸国との関係は良好ではなく，軍事的緊張の中にあり，ベトナムや旧ソ連と国境において紛争が生じていた．したがって，ほとんどの国境は閉鎖されており，限られた国境のみが通過可能であったが貿易や通行はきわめて限られていた．その後，改革開放政策がとられるようになり，周辺諸国との関係改善が進み，国境貿易を認める辺境開放地区が設置された．

現在，辺境開放地区は綏芬河（スイフンガ）（ロシア国境），琿春（コンシュン）（北朝鮮，ロシア国境），二連浩特（エレンホト）（モンゴル国境），河口（ハーカウ）（ベトナム国境），徳宏（トッコウ）（ミャンマー国境）など17か所ある．これらの辺境開放地区は綏芬河や二連浩特のように国際幹線鉄道の国境通過地点にあるもの，河口のように国際幹線道路の国境通過地点にあるものや琿春や徳宏州のように限られた交通状況にあるものなどその状況は異なっている．

これらの辺境開放地区においては，中国からの工業製品や農産品などの民生用製品を輸出し，木材など主として天然資源に限られてはいるが周辺諸国の特産品

が中国に輸出されている．また二連浩特においてはロシアからモンゴル鉄道経由で中国に運ばれる大量の資源関係の貨物が輸送されている．とくに中国とロシアでは軌間が異なるため積替えのための大規模な鉄道施設を有している．

なお中国，北朝鮮，ロシアの3か国にまたがる図們江(トモンコウ)開発においては国連（UNDP）のイニシアティブによる開発計画が検討されているが，現時点では実現していない．

b．中国辺境開放地区の課題　以上のことから中国辺境開放地区には周辺諸国からの買出しの商業者のためのマーケット，トラックターミナル，宿泊施設および税関などの施設があり，かなりの都市が形成されているが独自の生産機能など有しているわけではなく，輸出加工区などの機能を有し大都市が形成されている港湾とは異なる．さらに，国境を越えた相手国側においては中国側から持ち込んだ商品を売りさばくマーケットなどがある場合もあるが，商品はそのまま消費地の大都市まで輸送される．このため単なる通過点にすぎない．したがって国境をまたぐ地域開発がなされている状況にはないといえる[8]．

5.3　これまでの取組みの成果と得られた教訓

5.3.1　EUにおける取組みの成果と北東アジアへの教訓

EUにおいては国境をまたぐ地域開発を重視している．その取組みの成果と北東アジアに対する教訓は以下のとおりである．

(1) 国境をまたぐ地域開発の明確な位置づけ―国家間の意思決定：北東アジアにおいては，国境を越えた自治体間の交流や民間の経済活動は行われているが，必ずしも国レベルの相互の意思決定によるものではない．この点，EUにおいては加盟各国の了解のもとに，その地域政策の中心に国境をまたぐ地域開発を明確に位置づけているため，具体的な計画や実施がスムースに行われているといえる．

(2) 国境の障壁を低くするため国を越えた制度・組織改善の協力：北東アジアにおいても国境の障壁を低くするための相互の協力が始まっているが，EUのような国境の障壁を低くするため国を越えた制度・組織改善の協力にまでは至っていない．

(3) 実施プロセスの明確化と財源の確保：北東アジアにおいて，民間や地方

政府により国境を越えたインフラ整備を行い双方の開発を進める提案もあるが，協調した実施システムと財源の確保がないため実現しない事例がある．EUにおいては国境をまたぐ地域開発のための財源と双方の協調による実施プロセスが確立されている．

このほかEUは複数の国にまたがる地域の整合的な地域計画やスムースで実効ある開発のための参加による計画実施システムを有していることなどもあげられる．このようにEUの国境をまたぐ地域開発には学ぶべき点が多いが，北東アジアの現実とのギャップも大きい．

5.3.2 その他の事例の成果と北東アジアに対する教訓

GMSの事例からは，地域の国家間の緊張緩和がまずあり，それをふまえた国際機関などのイニシアティブにより国境をまたぐ幹線交通ネットワークの整備がなされ，その結果地域全体の経済の活性化に寄与することが明らかにされている．ただし，これまでの報道などからみると既存の集積のあるところへの寄与であり，国境をまたぐ地域の発展への直接的な寄与はまだ少ないようである．

また，中国辺境開放地区の事例からは，国家間の緊張緩和と政策の転換をふまえた辺境にある国境の開放は，地域的な経済活動による交流の拡大が明らかにされた．ただし，貿易が中国からの輸出に偏っているため，中国側には地域の発展がみられるものの両側が協調した地域開発にはなっていない．

このように，効果が限定されてはいるものの，GMSや中国辺境開放地区の事例は国境をまたぐ地域開発の最初の段階といえる．

5.4 国境をまたぐ地域の開発のモデル化[9]

5.4.1 国境をまたぐ地域の現状のモデル

a. 国境をまたぐ地域の類型化　既に述べたように，国境をまたぐ地域には様々なパターンがある．実際の状況は，①経済社会機能の分布，②国境を越える交通機能（施設のみならず手続き面も含む）の側面がある．また，その背景として，③政治体制・状況，④民族・文化などの側面がある．これらは固定的なものではなく経時的に変化する．また，これらは相互に関連していることはいうまでもない．本書ではこのうち，地域開発にとくに関連する①，②の側面に着目

表 5.2 国境をまたぐ地域の現状のモデル（筆者作成）

	A	B	C
a	連携型（国境の障壁が低い先進国間）	タイプ1　経済特区型 タイプ2　窓口型	通過交通型
b	局地的連携型	局地的市場型	伝統的交流型（地元居住者限定の通行）
c	未開放（分断都市など）	未開放（辺境都市型）	未開放（閉鎖型）

注）灰色部は北東アジアに見られる主要なモデル

し，類型化した概念モデルとして整理した．
① 経済社会機能の分布についてみると以下に分類される．
　A：国境の両側に一定規模の経済社会機能が存在
　B：国境の片側のみに一定規模の経済社会機能が存在
　C：国境のどちら側にも一定規模の経済社会機能は存在しない
② 国境を越える交通機能（施設のみならず手続き面も含む）についてみると以下に分類される．
　a：幹線交通で外部と結ばれている／国境通過が容易
　b：国境およびその周辺の交通があるが局地的／幹線交通があっても局地的利用に制限
　c：国境をつなぐ交通がない／国境通過を強く規制

　これら2つの側面で国境をまたぐ地域の現状をモデル化して整理すると表5.2のようになる．表5.2の中で灰色のものが北東アジアにみられる主要なモデルである．ただし未開放については今後変化があると考えられるが，ここでは議論しない[9]．

b．北東アジアの代表的な事例

Aa：連携型　国境の障壁が低い先進国間にみられるもの．例えば，東南アジアであるがシンガポール-ジョホールバル（マレーシア）間や海を隔てているが福岡-釜山（韓国）間である．双方の都市間の人的交流は大きく，前者では通勤を含む日常生活圏といいうるもので，筆者は市内バスで国境に行き気楽に国境を越えて行き来する若者の姿を目撃した．後者はそこまでは行かないが日帰りや週末観光の圏域である．

Baタイプ1：経済特区型　国境の片側のみに一定規模の経済社会機能が存在し，

経済特区などにおいて再輸出のための製造や国内流通のための検査，加工など付加価値をもたらす活動が行われるもの．港湾周辺の経済特区がその事例である．

Ba タイプ2：窓口型　国境の片側のみに一定規模の経済社会機能が存在し，そこでは周辺諸国の貿易業者の買付け，輸出のための機能があるがそれにとどまる．幹線交通が利用できるためこれらの業者により周辺諸国内に広く流通される．幹線交通が国境を通過する二連浩徳や琿春などの中国辺境開放地区が代表的な事例である．

・Ca：通過交通型　国境は単なる通過点．ただし幹線交通の場合，効果は広い範囲に及ぶため沿線の離れた地域の発展にも寄与しうる．大メコン圏（GMS）の東西回廊はこの事例である．

・Bb：局地的市場型　国境の片側のみに一定規模の経済社会機能が存在し，そこでは周辺諸国の貿易業者の買付け，輸出のための機能があるがそれにとどまる．ただし交通機能が局地的なため規模は限定的であり，また国際国境に指定されていないベトナムの国境のように開放が限定的な場合もある．

5.4.2　現状のモデルにみる北東アジアの課題

上に述べたように，開かれている国境においてもその状況は異なり，北東アジアにおいてはまだ十分な効果をもたらしているとはいいがたい（図5.3）．わが国，とくに日本海沿岸の地方自治体は対岸諸地域との交流を進めている．その成

図5.3　中国-モンゴル国境の現状（筆者撮影）
(左) 中国-モンゴル国境：中国側　人口10万人
(右) 中国-モンゴル国境：モンゴル側　人口8千人

果は具体的に現われているものの個別的である．

　さて，国境が開かれていることが国境をまたぐ両方の地域にもたらす効果はどのような側面で評価したらよいのだろうか．ここでは，4つの側面で評価することを提案したい．すなわち，第1は国境が開かれたことにより新たな付加価値が生じているかどうかという，国境をまたぐ地域への経済効果である．単なる通過点では環境や社会面での負の影響だけを受けることになりかねない．第2に，国境が開かれた効果は双方にもたらされるか，つまりWIN-WINかどうかという側面が重要である．これがなければ双方が協調して開発を進めることにならない．さらに，第3の側面であるが，どのような形の開発においても同様だが持続可能な開発でなければならない．環境面はいうまでもないが，とくに経済面での自立的な発展とともに民族や宗教なども含めた社会面の安定性が求められている．第4の側面であるが，このような国境の障壁を低くすることにより，北東アジアといった広域的な地域の安定性の向上に寄与しているかである．多くの地方レベルの交流が目指すところでもある．

　表5.2をもう一度概括的にみると，第1の側面では，北東アジアにおいては，経済特区型以外では国境による付加価値が小さいため，国境をまたぐ両方の地域の地域経済に大きな効果が生じているとはいいがたい．第2の側面では，国境の片側のみに集積があるものが多く，まだ一方的な利益の段階のものが多く，WIN-WINの関係とはいいがたい．第3の側面では，経済面に限っても，局地的市場型の場合はそのままでは自立的な地域の発展につながらないと考えられる．第4の側面であるが，多くの交流にみられるように相互の理解が深まりつつあるが，それが複数の国を含む広域的な地域の安定に寄与しているとの確証は得られていない．むしろ国家間の緊張により交流が停滞した事例すらある．

5.5　国境をまたぐ地域開発の実現に向けて

5.5.1　課題への対応

　国境をまたぐ地域開発という観点から北東アジアをみると，その第一歩を踏み出した段階である．先進事例と比べると，まだ国境の障壁が十分低くなったとはいえない．国境の障壁を低くするといった共通の施策に加えて，上に述べた4つの側面で見ていく．

(1) 国境をまたぐ地域への経済効果：単なる通過点から付加価値のある結節点の形成が重要である．両国に労働コストや技術力の差があることを利用した製造業，わが国の港湾でみられるような流通/加工，あるいは両国の自然，文化などの違いを利用した観光などがある．
(2) WIN-WIN の関係構築：現在集積がない側への集積の形成を行うため，とくに投資促進の方策が必要で，相手国側への投資の優遇策などが必要である．そのための基盤整備に対して民間資金に加えて必要があれば国際機関を含めた公的資金も有効である．
(3) 局地的市場型からの脱却の方策：基本的には交通・通信インフラの整備が基本である．GMS の回廊にみられるようにとくに国境をまたぐ部分のみならず両側で幹線交通と接続することが有効である．ただし上述 (1) が確保されなければ単なる通過点になってしまう．インフラ整備においても (2) と同様民間資金に加えて必要があれば国際機関を含めた公的資金も有効である．
(4) 交流の持続的拡大と深化による地域の安定への寄与：現在は経済も含めた相互の交流の拡大が進められている．このことと国境をまたぐ地域の協調した地域開発との間には大きなギャップがある．環境，資源管理など双方に共通する課題から出発し，共通の政策，計画への道があろう．このためには国境をまたぐ地域の地元の自治体，地方政府の役割が重要と考えられる．

5.5.2 国境をまたぐ地域開発の実現への提案

北東アジアにおいては直ちに国境をまたぐ地域開発が実現する段階にはないことは既に述べたとおりである．同時にその方向に向けて動き出していることも明らかである．現時点で行われているものも含めて，国境をまたぐ地域開発の実現に近づくための4つの方策を提案したい．
(1) 今行われている自治体・地方政府間の交流を，少しでも実質的な成果が出るものにステップアップしてはどうだろうか．友好訪問をさらに進めて経済交流の段階にすることや環境，農業などの実務交流に取り組む，既に進められている経済交流を確固たるものにするため，既に日本で多くの自治体が取り組んでいるように相互に事務所を設置するなどである．
(2) 現在片側のみに集積がある場合が多いが，相手側の集積を高めるような

投資や事業に対し双方で優遇することから進めてはどうだろうか．容易ではないが一歩でもWIN-WINにつながるのではないだろうか．

(3) ネックとなっているインフラなどについては相互に計画を調整した上で協調して実施する．場合によっては相手側への投資を行うことや国際機関による投資を行ってはどうだろうか．現在GMSでは東西回廊の整備にアジア開発銀行が支援するなどの例がある[10]．

(4) 国境をまたぐ地域の自治体・地方政府がお互いに関心をもつ事項について，定期的に会合をもち相互の行政に反映させるようにしてはどうだろうか．国レベルの対応が必要なものも少なくないが，地域の自治体・地方政府で可能なものから取り組む．お互いの国に対して対応の必要性をアピールすることから始めてはどうか．例えば，交通，環境，資源利用などが例として考えられる．

5.6 おわりに

　国際共生社会を形成するためには，国や地域が相互に協調していくことが重要である．このためには国家間相互の関係が良好で，複数の国を含む広域的な地域が安定していることが必要である．このための道筋として，国家を中心に考えることが重要であることはいうまでもない．しかし同時に国境をまたぐ地域という最前線が相互に協調していくことは，具体的な形での広域的な地域の安定化に寄与するものと考えられる．とくに国境をまたぐ地域が相互に協調した地域開発を行うことでボトムアップによる地域の安定化への道につながるのではないかと考えられる．北東アジアでは直ちに実現する状況にはないが，様々な形で第一歩が印されている．

　本章では国境をまたぐ地域の現状を概観し，国境をまたぐ地域が相互に協調した地域開発を行う方向に進むための課題や，早期に取り組むべき方策の提案を行った．わが国の国土計画がアジアとの連携を掲げているが，その具体的な形の一つは，海を隔てているが相互の連携により国境をまたぐ地域の協調した地域開発の実現であろう．それは今進められている交流から始まる．その意味で国境をまたぐ協調した地域開発は我々にとっても身近で重要な課題であり，北東アジアの安定につながっているといえよう．

注・参考文献

1) 金子 彰：社会経済開発における共生要素の評価,東洋大学国際共生社会研究センター編「環境共生社会学」, pp. 86-109, 朝倉書店, 2004
2) 金子 彰：国際共生社会構築のための地域計画の提案,東洋大学国際共生社会研究センター編「環境共生社会学」, pp. 115-127, 朝倉書店, 2005
3) 金子 彰：EUの計画をふまえた東アジアの環海圏地域開発についての考察,東洋大学地域活性化研究所報,第3号, pp. 110-126, 東洋大学地域活性化研究所, 2006
4) なお環バルト海計画全体は EU "Baltic Sea Region INTERREG IIIB Neighbourhood Programme 2000-2006" EU, 2004 に示されている.
5) GMSの最新の状況は「地域を結ぶ交通インフラ整備で格差是正と貧困削減」独立行政法人国際協力機構編集 monthly Jica, 2007 October, pp. 14-17, 国際協力機構, 2007 および七沢愛果,本田路晴：ハイウエー「東西回廊」タイ-ラオス-ベトナム間を走る,「週刊エコノミスト 11/20」, pp. 22-24, 毎日新聞社, 2007 に示されている.
6) 独立行政法人国際協力機構：カンボディア国第二メコン架橋建設計画調査最終報告書要約編,国際協力機構, 2006
7) カンボディア政府公共事業省責任者からの意見聴取による (2006年)
8) 金 玄,金子 彰：中国辺境開放都市に関する研究,環日本海学会第13回研究大会予稿集, pp. 41-44, 環日本海学会, 2007
9) 本節は,金子 彰,金 玄：国境をまたぐ地域の地域開発に関する一考察,環日本海学会第13回研究大会予稿集, pp. 38-40, 環日本海学会, 2007 に加筆,修正を行ったものである.
10) 上記参考文献5) 参照

6. 生物多様性とエコシステム・サービスによる便益フロー

―公正な便益の配分と貧困削減への貢献―

6.1 はじめに

　生物多様性 (biodiversity) とエコシステム (ecosystems) は密接に関連し複雑なシステムを形成している．そして人間もこのエコシステムの一部に組み入れられている．エコシステムの機能を持続可能な方法で利用し保全することは安全，健康，社会関係など人間の福祉・厚生 (well-being) の維持と改善にとって不可欠である．しかし，今日，生物多様性の無秩序な開発が進み，エコシステムが供給する様々なサービス機能が低下しつつある．その背景には生物多様性やエコシステム・サービスの価値に対する認識の欠如，生物多様性に関する協定 (CBD; Convention on Biological Diversity) や世界貿易機構 (WTO) における知的所有権の貿易側面に関する協定 (TRIPS; Trade-Related Aspect of Intellectual Property Right) など国際制度による多国籍企業の遺伝資源の囲い込み，サービス機能の供給者に対する不公正な便益の配分など様々な理由があげられる．

　生物多様性やエコシステムの変化は開発途上国における農民や貧困者などの弱者を直撃する．これらの人々は自らの生計を草原，森林，河川，湖沼，海洋などにおける生物多様性やエコシステムに深く依存しているからである．

　また，彼らは生物多様性の利用に関して豊かな伝統的な知識や技術を有し，地域固有の文化や景観を形成してきている．生物多様性の喪失はこうした目に見えない価値まで失うことを意味する．生物多様性とエコシステムの存在が次世代を含む人間にとっていかに重要であるかを認識することが，それらをいかに保全し持続可能な方法で利用するかを考える最初の一歩である．

　本章では，上記の観点を踏まえて，6.2節では生物多様性とエコシステムに関する人間の関わりと利用と保全のあり方について述べる．6.3節ではCBDや

TRIPS などの国際制度の適用について言及し，6.4 節ではエコシステム・サービスによる便益フローについて議論する．さらに，6.5 節では生物多様性とエコシステムの価値と評価について述べ，6.6 節では国連ミレニアム開発目標（MDGs）との関連，とくに貧困削減への貢献について議論する．最後に，6.7 節の「おわりに」では生物多様性とエコシステムの持続可能な利用と保全に向けた public awareness の重要性について言及する．

6.2 生物多様性およびエコシステムと人間の活動

6.2.1 不可分の関係

　生物多様性とエコシステムは密接に関連した概念である．後述する CBD（第 2 条）によると「生物多様性とは，すべての生物（陸上，海洋及びその他の水界の生態系とこれらが複合した生態系，その他の生息地または生育の場のいかんを問わない）の間の変異性を示すものであり，種内の多様性，種間の多様性及び生態系の多様性を含む」と定義されている．

　すなわち，生物多様性とは同一の種および異なる種の多様性およびエコシステムの多様性であるといえる．また，多様性はエコシステムの機能上の特徴であり，エコシステムの変化は生物多様性の構成要素の変化によるものである．したがって，生物多様性の変化はエコシステムがもたらすサービス機能（6.4.1 項を参照）に大きな影響を与える．生物多様性は食糧や遺伝資源など人間にとって必要な財を提供し，それらはエコシステムによってもたらされるサービスの機能の一部を担っている．また，生物多様性はこうした人間の福祉・厚生の改善に対する直接的な役割を有するほかに気候や土壌の肥沃の調整機能など目に見えない価値を提供している．

　CBD において土地，水および生物資源の保全と持続可能な利用を公正かつ総合的に管理するための戦略として"エコシステム・アプローチ"という概念が提案されている．このアプローチは人間の環境との結びつきや働きかけに関して有効な枠組を提供する．エコシステムは生息地として保全されている生物多様性の野生保護区を含めた総合的な土地利用として管理されなければならない．例えば，農用地や牧草地はそうした保護区の一部として管理される必要がある．逆にいえば，保護区は農用地や牧草地を取り巻く一区域として管理されなければなら

ない.すなわち,人間による農業活動と生物多様性とエコシステムが共存できるような方法で管理されることが必要である(Dilys Roe, 2004)[1].

6.2.2 地域社会の共有財産

生物多様性は国や地域によって異なるばかりでなく,地域の地形,気候,土地・水の条件などによっても異なる.すなわち特定の国や地域に特定の生物多様性が存在する.そうした地域に賦存する生物多様性は地域の人々を中心に食糧や生活の材料を供給してきた.また,地域の農民や人々の生物多様性に対するこうした働きかけは地域の生物多様性に付随した伝統的な知識や地域文化を発展させてきた.彼らは生物多様性を生計活動に組み入れるシステムを確立することで生物多様性やエコシステムを持続可能な方法で利用する能力を培ってきた.

すなわち,地域に賦存する生物多様性は,関連する伝統的な知識とともに地域の共有財産(コモン財)として地域社会に普遍的に認識されてきた.こうした地域の共有財産としての生物多様性とエコシステムは地域社会における多様な利害関係者によって管理されることが求められる.そのためには地域住民に対して地域の生物多様性の保存と利用に関するオーナーシップが維持され,その利用に関する法的な権利が付与されることが必要である.

6.2.3 保全と開発パラダイムの変化

過去において,生物多様性とエコシステムの開発と保全に関しては環境問題全体の枠組の中で議論されてきた.国立公園の指定や保護区の設定により人間活動を排除するといった保全に関するパラダイムは,時代とともに野生生物の管理におけるコミュニティの参加や便益の享受を通じた保全の方法に変わってきた.例えば,国際自然保護連合(IUCN)は保護地区と地域のコミュニティの経済活動との連携の重要性を強調する.フランスにおける地方自然公園は,その憲章で自然公園内に居住する住民の自然と調和の取れた経済活動が自然公園を維持管理するのに不可欠であるとしている.また,世界自然保護基金(WWF)や世界銀行なども,利用と保全の両立や自然保護を地域の経済開発計画へ統合することを提案している.これらはいずれも地域住民や地方政府の生物多様性とエコシステムの利用と保全に関する能力の構築や,地方レベルでの住民参加による制度整備が必要であることを示唆している.

表 6.1 「開発か保全か」のシナリオ（筆者作成）

開発 / 保全		開発	
		する	しない
保全	する	A	B
	しない	C	D

　こうした利用と保全に関するパラダイムは表 6.1 のマトリクスを使って説明できる．同表において，シナリオ A は開発と保全が調和の取れた形で実施される場合で，生物多様性が公共にとっても地域にとっても有益に利用される．生物多様性を利用することで得られる便益の公正な配分も実現される．シナリオ B は保全するが開発しない場合である．このケースでは，生物多様性の価値が認識されることなく開発による便益が地域に裨益されない．シナリオ C は保全せず開発のみを行う場合である．多国籍企業による遺伝資源の無秩序な利用などに見られる最も問題の多いケースである．最後に，シナリオ D は開発も保存も行わないような場合である．このケースは未開の森林や湿地などにおける生物多様性やエコシステムが手付かずの状態にあり，未知の開発の可能性を含めて次世代に継承されるケースである．しかし，開発しないことで現世代は便益を享受できない．いうまでもなく，生物多様性とエコシステムの持続可能な利用として最も好ましいアプローチはシナリオ A である．

6.3　生物多様性と国際制度

6.3.1　国際制度：CBD と TRIPS

a. 生物の多様性に関する条約（CBD）　1992 年のリオ・デ・ジャネイロで開催された地球サミットで合意に至った CBD は，遺伝資源に対する保全，持続的利用，アクセスの促進および利用から生じる便益の公正な配分などを追求することを規定している．現在 189 か国が CBD に調印している（2007 年 12 月現在，ただし，米国は未締結）．CBD の第 1 条はその目的を「……生物多様性の保全，その構成要素の持続可能な利用及び遺伝資源の利用から生じる利益の公正かつ平等な配分をこの条約の関係規定に従って実現することを目的とする．この目的は，特に遺伝資源の取得の適正なアクセスの提供及び関連する技術の適正な移転

並びに適正な資金供与の方法により達成する」と定義している．

また，同第8条（j）は加盟国に対して「自国の国内法令に従い，生物多様性の保全及び持続可能な利用に関連する伝統的な生活様式を有する先住民の社会及び地域社会の知識，工夫及び慣行を尊重し，保存し及び維持すること，そのような知識，工夫及び慣行を有する者の承認及び参加を得てそれらの一層広い適用を促進すること並びにそれらの利用がもたらす利益の公平な配分を奨励すること」を求めている．

CBDは生物多様性に関して，①グローバルな拘束力のある，②遺伝資源の多様性を包含する，③人間の共通の関心，としてその保存を認識するはじめての条約である点で評価される．しかし，上記の目的において遺伝資源に特別に焦点が当てられているように，必ずしもすべての生物多様性に対して中立的ではない．また，第8条（j）において重要なことは，地域コミュニティにおける生物多様性に関する伝統的な知識（traditional knowledge）や文化およびそれらを持続的に管理してきた地域の人々に対する利益の還元を求めている点である．

b. 知的所有権の貿易側面に関する協定（TRIPS）　　TRIPSは1994年にWTOにおいて採択された合意事項である．TRIPSは，知的所有権の保護と運用に関する国際的な基準を設定することで国際貿易と経済開発を促進することを目的としている．現在149か国が批准している．WTO加盟国のうち最貧国を除く加盟国は，議論の余地が多いとされる特許と植物品種の保護に関する事項も含めてTRIPSを遵守する義務に同意している．TRIPS（第7条の3.b）は微生物以外の動植物自体および非生物学的かつ非微生物学的な方法以外の本質的な動植物の生産のための生物学的な方法を除外している．しかし，加盟国は特許法もしくは特別な制度による保護（品種保護法など）またはこれらの両者による保護のいずれかにより保護しなければならないとしている．

すなわち，TRIPSは初めて知的所有を生命に関する特許に適用し，WTOにおける独占的な知的所有権を確立した最初の国際的合意であるといえる．

途上国の多くの地域には生物多様性の利用に関する伝統的な知識や技術が存在する．伝統的な知識には，遺伝資源などのように有形なものと医学的な知識や農学的な知識のように無形なものがある．こうした伝統的な知識の所有に関する権利を商業的な利用や利益を目的する行為から保護するために，世界知的所有権機構（WIPO）などにおいて無許可な利用や特許の取得を制限するための取決めが

求められている．

この他に，食糧農業植物遺伝資源の持続可能な利用と公正な共有を確保し食糧安全保障に資することを目的として，国連食糧農業機関（FAO）により食糧農業植物遺伝資源に関する条約（ITPGR）[注1]が策定されている．

6.3.2　遺伝資源と多国籍企業

TRIPSは遺伝資源の開発や利用に関して知的所有権を付与できる機会を提供した．これにより，医薬品や生命資源の利用を目指す多国籍企業は，バイオテクノロジーを駆使して生物多様性を商業目的として開発し莫大な利益を獲得できることが可能となった．製薬会社やバイオテクノロジー会社にとって，生物多様性それ自体はなんら価値を有するものでない．それは地域の伝統的な知識をインプットとして特許により保護された生物学的な生産物（例えば，難病の薬や化粧品など）を生産することによってはじめて価値をもつことになる．こうしたプロセスは多国籍企業による地域の生物多様性の囲い込み，地域固有の伝統的な知識や権利の略奪という行為につながっていく可能性がある．

インドの物理学者で環境平和運動者であるバンダナ・シバは，TRIPSがもたらす生物多様性に与える影響として，① 単一品種栽培の波及，② 化学汚染の増加，③ 生物学的な新たな危険性，④ 保護の倫理の損傷，そして ⑤ 地域社会の生物多様性への伝統的な権利の損傷とそれによる生物多様性保護能力の減少，を指摘している（Shiva, 1997）[3]．

また，特許制度がグローバルなシステムの中に組み入れられ，生命の形成やプロセスに関する地域の伝統的な知識が"私的所有"に変えられていく中で，彼女は「生物多様性と知識の"囲い込み"は植民地主義の進展と共に始まった一連の囲い込みにおける最後のステップである．まず土地と森林資源が囲い込まれ，それらはコモンズ（commons）から商品（commodities）へと変えられた．続いて水資源がダム，地下水の発掘及び民有化制度により囲い込まれた．今度は生物多様性や知識が知的所有権によって囲い込まれる番である」と述べている．

6.4 エコシステム・サービス機能と便益フロー

6.4.1 エコシステム・サービスとは

エコシステムは様々な機能を有し，それらは人間の生活や厚生の改善にとって不可欠な役割を果たしている．エコシステム・サービスとは，人間がこうしたエコシステムが有する機能から直接的あるいは間接的に得ている便益（財とサービス）と定義される．エコシステム・サービスは図6.1に示すように，3つの機能，すなわち ① 供給サービス，② 制御・調整サービス，および ③ 文化的サービス，を供給する（WRI, 2003）[4]．以下に，これらのサービスの具体的な機能について概観する．

エコシステム・サービス		便益フロー	人間の福祉の構成要素	
支援サービス（他のエコシステム・サービスの生産に必要なサービス）・土壌形成・栄養循環・一次生産	供給サービス（エコシステムから得られる生産物）・食糧，純粋な水，燃料，材木，繊維，生化学物質，遺伝資源など	エコシステム・サービスによる便益フロー	安全・環境に恵まれ清潔で安全な居住・生態的ショックや圧力に対する脆弱性の減少	自由と選択の確保
	制御・調達サービス（エコシステムの制御過程から得られる便益）・気候の制御，病気の抑制，洪水の制御と水質浄化など		良好な生活のための基礎的な資源・収入と生計を立てるための資源へのアクセス	
			健康・十分な栄養，病気に対する予防，清潔で十分な水，きれいな空気，エネルギーなど	
	文化サービス（エコシステムから得られる非物質的便益）・精神的・宗教的な便益，レクリエーションとエコツーリズム，景観，教育的便益，文化的遺産など		良好な社会関係・エコシステムに付随する景観やレクリエーション，文化，精神的な価値の提供・エコシステムに関する観察，学習の機会の提供	

図6.1 エコシステム・サービスフローと人間の福祉・厚生改善の関係（参考文献4）を一部変更して筆者作成）

(1) 供給サービス機能：エコシステムや生物多様性が生産物や原材料を供給するサービス機能である．このサービスには食糧と繊維，燃料と木材など森林や農業が供給する財を含む．また，遺伝資源とそれを利用した薬や食物添加物なども含まれる．さらに純粋な水もエコシステムによってもたらされる．

(2) 制御・調整サービス機能：エコシステムの作用や生成過程によってもたらされる制御・調整的なサービス機能から得られる便益である．このサービスには気候変動や空気の質に対する調整機能，洪水調節や水質浄化，病気の制御機能，生態系のコントロールや受粉の機能などが含まれる．

(3) 文化サービス機能：エコシステムに関連した文化，精神的な安らぎ，景観，レクリエーションなどのサービス機能である．このサービスには異なるエコシステムに由来する多様な文化，精神的あるいは宗教的な心の拠り所，伝統的な知識，教育的な価値，安らぎの場所，レクリエーションやエコツーリズムなどのサービスを提供する機能が含まれる．

6.4.2 エコシステム・サービスによる便益フロー

図6.1に示すように，エコシステム・サービス機能による便益フローは人間の福祉・厚生の維持と改善に不可欠な要素を供給する．こうした便益フローは，人間の安全，健康，生活に必要な資源や材料あるいは良好な社会関係の形成や維持に必要な価値を提供している．生物多様性とエコシステムの多くは（開発途上国の）農村地域に存在しており，地域に居住する農家や先住民をはじめ地域の人々によって管理されてきた．そして，エコシステム・サービスによる便益フローは供給者としての農村から受益者である都会に居住する人々へ流出する形で流れている．人々は便益フローを享受することで，自由と選択の機会を広げることができる．後述するように，人々はこうした便益フローを享受することに対しては何の支払いも行うことはない．

エコシステム・サービスによる便益フローの水準（量と質）を維持するためには，その源となる地域（例えば，森林，湖沼，河川，農地など）における生物多様性とエコシステムが持続可能な方法で維持・管理されることが重要である．また，そうした便益フローの維持はダイナミックな概念として捉える必要がある．すなわち，次世代が現世代と同じ水準のエコシステム・サービスを享受できるた

めには，現世代による生物多様性の持続可能な利用が前提となる．

近年，開発分野において持続可能な生計アプローチという考え方が提唱されている[注2]．生計とは，生きるために必要とされるケイパビリティ[注3]と物的および社会的な資産および活動と定義される．生計が持続可能であるとは資源や環境を損なうことなく，貧困などによる圧力や影響に対し対応できケイパビリティを維持あるいは向上することを意味する．この生計アプローチは，人間を開発の中心に据えた貧困削減のためのアプローチとして適用される．開発途上国における生物多様性やエコシステム・サービスは貧困者にとって，人間として最低限必要な安全，健康，清潔な水へのアクセス，平等なジェンダー社会，生計を立てるための原材料などを提供することで，貧困削減にとって重要な役割を担っている．

6.4.3 エコシステム・サービスの変化

地域における生物多様性とエコシステムの機能が変化すると，エコシステム・サービスによる便益フローの水準が変化する．この変化において，問題となるの

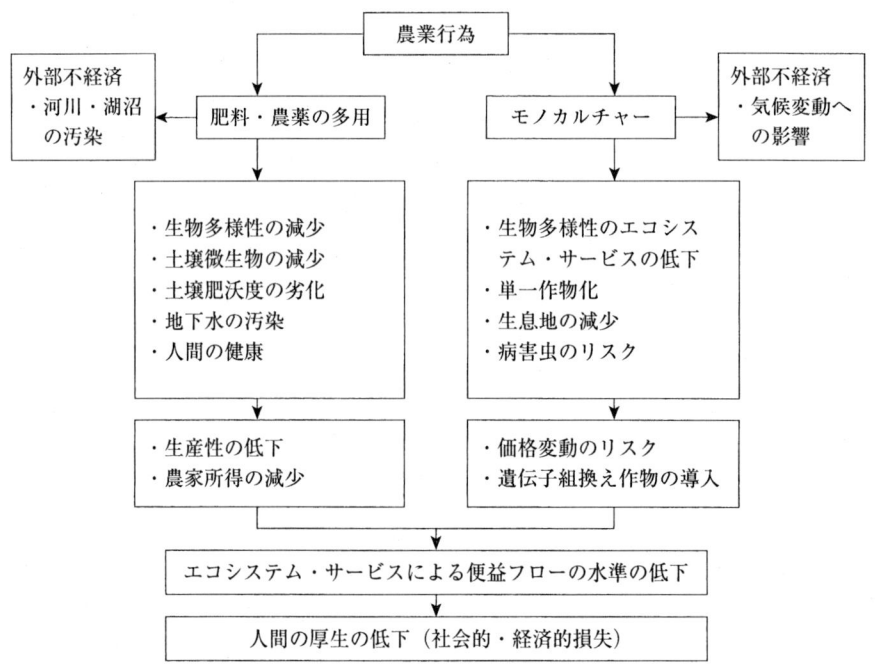

図 6.2 不適切な農業行為によるエコシステム・サービスの変化（筆者作成）

は便益フローの水準がマイナス側に変化する場合である．そうした変化を起こす要因として，自然的および人的行為による場合が考えられる．前者の要因として危惧されるのは，自然災害や気候変動によって生態系の種や生息地が変化することである．後者の要因は，人間の経済活動によって生物多様性が無秩序に開発される場合である．例えば，図6.2に示すように，窒素肥料や農薬などの投入財を多用する農業行為や栽培作物のモノカルチャー化は，農地や周辺の生物多様性の質や量を減少させ便益フローの水準を著しく低下させる可能性が高い．また，肥料や農薬が河川や湖沼に流出すれば外部不経済をもたらし，同じように周辺の生物多様性とエコシステムに影響を与え便益フローの水準に悪影響をもたらす．

生物多様性の喪失に伴うエコシステム・サービスの変化は，人間の福祉・厚生の水準に大きな影響を及ぼし，経済的および社会的な価値の損失をもたらす．図6.1に示す人間の安全，健康，良好な社会関係の維持などに影響を与え，人間の生活における選択と自由の幅を制限することになる．そして今日，人間の経済行為に起因するこうした影響は，アマゾンの熱帯雨林の開発やアラル海の湖面積の縮小と塩類化の例にみるように，既に世界の各地域で観察されている．

6.5　便益フローの価値評価と便益の配分

6.5.1　生物多様性とエコシステムの価値と評価

図6.1に示すように，生物多様性とエコシステムは様々なサービスを私達の生活や社会にもたらしている．そして私達はこれらのサービスの価値を十分に認識することなしに生活している．しかし，こうした便益フローの水準が低下あるいは途絶えることになると，はじめて人々はその価値に気づくことになる．例えば，河川上流の流域の森林や水田の管理が良好に行われなければ水質の悪化や洪水被害の頻度を高めることになり，その結果は下流域の人々の生活に影響を与える．エコシステム・サービス機能を維持するためにはまずその価値を認識することが必要である．

エコシステム・サービスの3つの機能は，いずれも人間にとって価値を有する．これらの価値は，森林の生産物（例えば，きのこや木材）などのように市場で金銭的に評価されるもの（使用価値），水質の浄化機能のように金銭的に評価できない価値を有するもの（非使用価値）がある．エコシステム・サービスの多

くは後者の価値に属するものである．これらの価値は，生物多様性とエコシステムが持続可能な方法で維持されることでもたらされる外部経済，すなわち公共財として生じる．公共財による便益に対して私達は支払いを行うことなしに"ただ乗り（free-rider）"しがちである．

ここで，生物多様性とエコシステム・サービスが提供する様々な価値について考えてみる．図6.3は経済的な全価値を分類している．全経済価値は使用価値に非使用価値を加えたものとして表される．さらに，非使用価値は，① 存在価値，② オプション価値，③ 遺贈価値に分類される（分類の方法として，② および ③ は非使用価値と使用価値の両者に含める分類，① のみを非使用価値とする分類もある）（例えば鷲田他，1999)[5]．非使用価値は市場での金銭的な評価が困難であり，それらの価値の概念は次のように定義される．

(1) 存在価値：生物多様性の中には，例えば希少な蝶や鯨などのようにそれらが存在するだけで価値を有するものがある．多くの人々にとって実際にそうした希少な生物を見る機会はなくても，人々はそれらが保存されることに価値を見出す．

(2) オプション価値：生物多様性の中には，将来の薬や生命科学にとって重要な資源を提供する可能性を有するものがある．人々はそうした生物多様性を将来における使用価値あるいは非使用価値のためのオプションとして保存

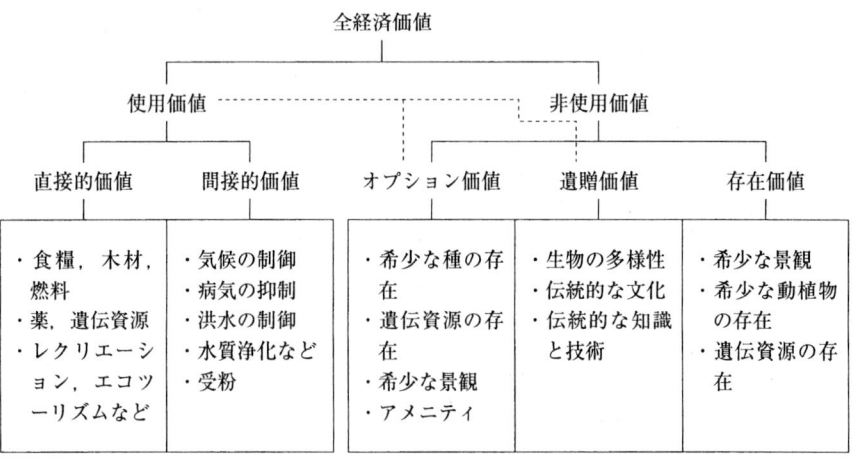

全経済価値					
使用価値		非使用価値			
直接的価値	間接的価値	オプション価値	遺贈価値	存在価値	
・食糧，木材，燃料 ・薬，遺伝資源 ・レクリエーション，エコツーリズムなど	・気候の制御 ・病気の抑制 ・洪水の制御 ・水質浄化など ・受粉	・希少な種の存在 ・遺伝資源の存在 ・希少な景観 ・アメニティ	・生物の多様性 ・伝統的な文化 ・伝統的な知識と技術	・希少な景観 ・希少な動植物の存在 ・遺伝資源の存在	

（注）オプション価値，遺贈価値，存在価値の事例は価値の捉え方で重複する．

図6.3 全経済価値とエコシステム・サービス（参考文献5）を参考に筆者作成）

することに価値を見出す.
(3) 遺贈価値：人々はエコシステム・サービスが提供する伝統的な文化や知識など，現世代が享受している便益を将来の世代に引き継いでいくことに価値を見出す.

さらに，こうした非使用価値には，生物多様性やエコシステムに関連して人々の心理や感情あるいは地域の社会，文化，信仰に深く根ざした固有の価値がある．そして，これらの地域固有の価値は生物多様性やエコシステムを持続可能な方法で利用し保全する知識や活動につながってきた．非使用価値の価値を評価する経済学的な手法としてCVM（仮想市場法）など[注4)]が用いられているが，評価におけるバイアスの除去の困難性など限界も指摘されている.

6.5.2 生物多様性へのアクセスと公正な便益の配分

6.3節で述べたように，CBD（第8条（j））は生物多様性へのアクセスと関連する伝統的な知識を含めて，生物多様性を利用することで得られる便益の公正な配分について言及している．今日のバイオテクノロジーや遺伝子工学の発展は，WTOのTRIPSによる知的所有権や特許制度の確立と相まって，先進国における多国籍企業は開発途上国に賦存する生物多様性へのアクセスと市場開発への関心を高めている.

図6.4は生物多様性とエコシステムがもたらす便益フローと便益配分に関する流れを示している．図には3つのドメイン（domain），すなわち①供給ドメイ

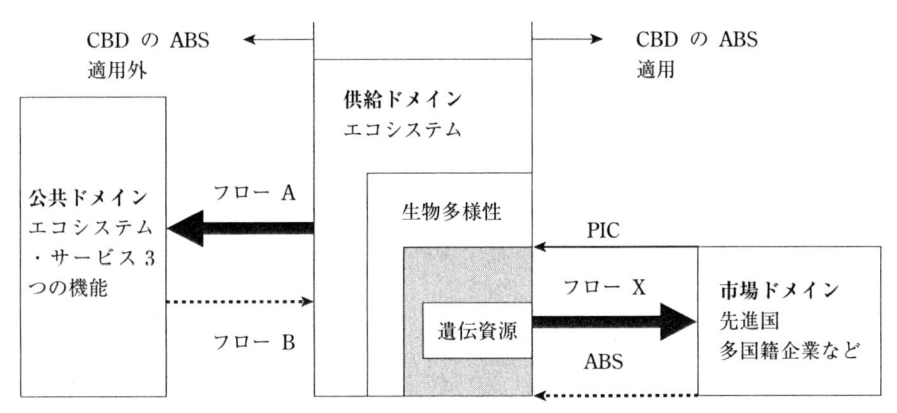

図6.4 エコシステム・サービスのフローと便益配分（筆者作成）

ン，②市場ドメイン，③公共ドメインが示されている．供給ドメインは生物多様性とエコシステムを供給するもので，途上国あるいは地域を代表する．市場ドメインは，主として先進国における製薬会社など民間企業が生物多様性を利用した市場開発を意味する．また，公共ドメインは生物多様性とエコシステム・サービスを享受する公共領域を示す．実線の矢印は供給ドメインからの便益のフローを，また破線の矢印は市場ドメインおよび公共ドメインからの便益の配分のフローを示している．

CBDにおけるアクセスと便益の配分は，遺伝資源の利用のみに関して規定されている．これは，図6.4において供給ドメインから市場ドメインに向けて遺伝資源の利用が行われる場合の「フローX」で表される．製薬会社など多国籍企業がある開発途上国の遺伝資源にアクセスする場合には，事前の情報に基づく同意（PIC; prior informed consent）を通して当該国の利用許可を得る必要がある．そうして遺伝資源に関する先住民の伝統的な知識の利用を含めて開発された製品から得られる便益については，遺伝資源を利用する国と当該途上国および先住民との間で公正な配分（ABS; access and benefit sharing）について相互に合意する条件（MAT; mutually agreed term）を満たさなければならない．こうした便益の配分は，金銭的な配分と技術の移転や訓練など非金銭的な行為を通じて実施される．遺伝資源へのアクセスと便益の配分に関しては，2002年の「ボン・ガイドライン」に供給ドメインと市場ドメインにおける利害関係者が取り交わす合意条件に関する基本要件が示されている．

ただし，このガイドラインは拘束力のない指針であり，知的所有権との関連，便益の配分率などについては言及していない．今後，CBDに関する国際会議の場において便益の配分の方法や手段に関し拘束力を有する制度の整備が必要とされる．

6.5.3　エコシステム・サービスに対する支払いフローの確立

図6.4に示すように，生物多様性（遺伝資源を除く）とエコシステム・サービスによる供給ドメインから公共ドメインへの「フローA」は，一方通行的である．多くの場合，逆の「フローB」に関する国際および国内における制度が整備されている事例は少ない．しかし，上述したように人間の福祉・厚生の維持や改善にとって重要な公共財としての便益を供給しているのは「フローA」である．

また，遺伝資源も生物多様性を形成する要素の一つに過ぎず，他の生物多様性が喪失するならば希少な遺伝資源も失われる可能性が高くなる．すなわち，「フローA」を受益する公共ドメインから供給ドメインに向けた「フローB」を確立することが求められる．

　こうした「フローA」による便益を享受する人々は，その供給者（例えば，開発途上国や先住民）に対して支払いや補償を行うことなしに生物多様性とエコシステム・サービスによる便益を直接的あるいは間接的に消費している．しかし，公共財はその性格上，供給を促進する何らかのインセンティブが付与されなければ過少供給に陥りがちである．すなわち，供給者が生物多様性やエコシステム・サービスを持続可能な方法で供給することができるためには，供給に必要なコストが内部化されなければならない．また必要に応じて，この内部化のプロセスにおいて政府が生産や供給を歪曲しない範囲で政策的に関与することもある．

　まず，非使用価値を内部化する手段として，市場化の可能性について考える必要がある．例えば，希少な動植物を写真集やポストカードに載せることで市場化することができる．生物多様性の利用に関する伝統的な知識や技術を新製品の開発に応用することで市場を形成することもできる．あるいは，森林や湿地における生物多様性や景観などをツーリズムとリンクして，学習や体験を取り入れたエコツーリズムを開発することも行われている．また，農業においては農産物の品質や安全性による価格プレミアムを確保することで農民の供給コストを内部化することができ，生物多様性やエコシステム・サービスの維持が可能となる．

　一方，政府による政策関与についても様々な方法が適用される．EUにおいて採用されている「農業・環境規則（Agri-Environmental Regulation）[注5]」は，環境に配慮した粗放的な農業経営を実践する農家に対して所得補償的な性格を有する直接支払い制度を規定している．例えば，牧草地における草花の種の数を保全し景観を維持するために，家畜の飼育頭数を制限することで生じる所得の減少に対して支払いが行われる．また，希少な生物多様性が存在する地域を保護区域としてアクセスに入場料を課すことも可能である．このように「フローB」における支払いフローを確立するためには，市場開発と政府による制度設計を適切に組み合わせて実施することが求められる．

6.6 貧困削減のための生物多様性の利用と保全

6.6.1 生物多様性とMDGsの達成

2001年にスタートしたMDGs（国連ミレニアム開発目標）は表6.2に示す8つの目標（18のターゲットと48の指標）からなる．2015年に向けて，MDGsを達成するために国際社会は協調して集中的な援助と政策協調を実施することとしている．生物多様性とエコシステムの利用と保全は，程度の差はあれ，すべての目標にポジティブあるいはネガティブな影響を与える．8つの目標のうち，とくに目標1（貧困と飢餓の削減），目標4（乳幼児死亡率の低下），目標5（妊産婦の健康改善），目標6（伝染系疾病の蔓延防止）および目標7（持続的な環境維持）との関わりは深い．

途上国における豊かな生物多様性は，農村地域や限界地域に存在していることが多い．貧困者の多くはそうした地域に居住しており，生物多様性やエコシステム・サービスの恩恵を受けて生計を立てている．貧困者にとって生物多様性は食糧の供給源であり，乳幼児や妊産婦に清潔な水や衛生を提供し，HIV/エイズなどの伝染系疾病に対して伝統的な薬の源となる貴重な資源である．

生物多様性とエコシステムを持続可能な方法で管理していくことで貧困者が

表6.2 MDGsと生物多様性の関わり（UNDPの資料をもとに筆者作成）

8つの目標	生物多様性とエコシステムの関わり
1. 極度の貧困と飢餓の撲滅	食糧の提供，農業生産性の向上，収入の確保など
2. 普遍的初等教育の達成	子供による水汲み，マキ集めなど（ネガティブ）
3. ジェンダーの平等の推進と女性の地位向上	女性による水汲み，マキ集めなど（ネガティブ）
4. 乳幼児死亡率の削減	清潔な水，衛生，伝統的な薬，栄養源など
5. 妊産婦の健康の改善	清潔な水，衛生，伝統的な薬，栄養源など
6. HIV/エイズ，マラリア，その他の疾病の蔓延防止	伝統的な薬，衛生，栄養源，蚊の発生など（ネガティブ）
7. 環境の持続的可能性の確保	清潔な水，衛生，洪水防止，砂漠化の防止など
8. 開発のためのグローバル・パートナーシップの推進	

「貧困の罠」[注6] から脱出できる手段を提供する．MDGsにおける貧困削減に関連して，生物多様性とエコシステムの持続可能な利用の重要性が強調されるのはこうした理由による．

一方，貧困が地域の生物多様性やエコシステムを破壊するという議論もある．貧困がゆえに教育を受けることができず生物多様性の価値や機能に関して無知であり，過度な搾取行動を行う結果となる．また，ジェンダー問題と関連して，途上国において子供や女性が湖沼や河川に水汲みに時間をかけ，森や林でマキを集める過酷な労働を強いられることもある．これらは生物多様性と人間の福祉・厚生（ここでは，教育や他の収入源に対する時間を消費する点で）におけるネガティブな関わりといえる．

6.6.2 生物多様性の持続可能な開発

上述したように，生物多様性とエコシステム・サービス機能は貧困者の生計にとって重要な役割を果たす．歴史的に見て貧困は世代を越えて繰り返される問題である．仮に現世代が生物多様性を持続可能な方法で利用し保全することがなければ，次世代においても貧困削減は困難となる．もし貧困であるがゆえに生物多様性やエコシステムに過剰に依存し，貧困が生物多様性の喪失を加速しエコシステム・サービス機能を低下する原因であるとすれば，根本的な貧困削減のための政策（いわゆる pro-poor policy[注7]）が必要となる．貧困の原因は個人が置かれている環境や状況によって異なることから，貧困政策はそうした状況に応じたものでなければならない．

その一つの方法として，生物多様性やエコシステム・サービス機能を貧困政策に統合していくことが求められる．例えば，乳幼児の栄養不足に対する生物多様性の生産サービス機能による食糧の確保，生物多様性を伝染系疾病など健康維持に利用する伝統的な知識の共有，湖沼や河川におけるエコシステムによる水質の改善などの機能を貧困政策の中に組み入れていく必要がある．こうした政策メカニズムを構築することによって，生物多様性の持続可能な利用と保全のシステムを確立することができる．そのためには，コミュニティレベルあるいは国レベルにおける政策決定プロセスへの貧困者を含む地域住民の参画が不可欠である．

6.6.3　国際社会のインプリケーション

　生物多様性をめぐる国際的な環境は大きく変化している．CBDやWTOにおけるTRIPSやWIPOなど国際制度の設計も，生物多様性の利用と保全をめぐる議論に拍車をかけている．多国籍企業によって生物多様性が薬や生命に関する商品として開発され，知的所有権を与えられ，生物多様性は自由貿易システムの中に組み入れられるようになった．開発途上国における豊かな生物多様性はその利用や保全の方法によっては，人間にとって重要な公共財を供給することにもなり，逆に開発途上国の人々を犠牲にした不公正な便益の配分をもたらすことにもなる．

　基本的には，生物多様性とエコシステムの利用と保全は，それが存在する地域および国家の責任のもとで実施されるべきである．しかし，各国の利用と保全に関する政策や法的制度は，CBDなどの国際的な制度の枠組と整合性をもつべきである．上記の6.2.1項で述べたCBDが提唱する"エコシステム・アプローチ"は，①生物多様性の保存，②持続可能な利用および③遺伝資源の利用による公正で平等な便益配分，という3つの目的のバランスを達成することを意図する．こうしたアプローチが国家レベルにおける生物多様性やエコシステムに関する制度設計に明確に組み入れられることが必要である．とくに，3番目の目的である「公平で平等な便益の分配」について，先進国の多国籍企業など民間ドメインにおける利用者が遵守する拘束力のある制度の確立が求められる．

　また，貧困削減との関係では，MDGsの達成に向けた国際社会の協調が必要である．そのためには世界銀行やIMF（国際金融基金）が中心になって進めているPRSPs（貧困削減戦略ペーパー）[注8]において，開発途上国は貧困削減に対する生物多様性とエコシステムの機能と役割を明確に規定することが求められる．開発途上国が自らのオーナーシップのもとで作成するPRSPsは，当該国の政府を含めた援助国による政策協調のもとで確実に実施されることが重要である．また，こうした国際社会が参加する政策協調の場において，生物多様性を貧困削減に役立てるためにいかに公正かつ持続可能な方法で利用すべきかについて議論されるべきである．

6.7 おわりに—持続可能な利用に向けての public awareness の向上

　国際社会が取り組むべき地球規模的な課題は，社会，経済および環境面のすべてにわたって存在し，地球温暖化，貧困，HIV/エイズなどの伝染系疾病を含めて20を超える課題が存在するといわれる[注9]．いうまでもなく，生物多様性の喪失とエコシステム・サービス機能の低下は，地球規模で取り組まなければならない課題の一つである．しかも，この課題に特徴的なことは，その影響範囲が他の課題にも及ぶという点である．生物多様性の喪失とエコシステム・サービス機能の低下は，地球温暖化に影響を与え，貧困削減を困難にし，またHIV/エイズなどの伝染系疾病に対する薬や医療の開発の可能性を奪うことにもなる．こうした点を勘案すると，生物多様性の持続可能な利用は地球温暖化対策とともに最も緊急性を要する地球的規模の課題であるといえる．

　本章では，生物多様性の持続可能な利用とエコシステム・サービス機能の保全に関して議論してきた．そのためには，地域やコミュニティ，国家あるいは国際的なレベルにおいて多様でしかも各レベルでの取組みが統合された形での対応が必要とされる．最も重要なことは生物多様性とエコシステム・サービスによる便益を享受する国際社会の各人が，その持続可能な利用と保全に関して認識と責任をもつことである．人々は便益の多くを公共財として享受している．しかし，便益を供給する者（途上国，地域，先住民など）に対して公共財の供給を促進するための何らかのインセンティブが付与されなければ，近い将来便益の供給は減少することになる．そうした事態を防ぐためには国際社会の一人一人が生物多様性とエコシステム・サービスの価値を理解し，持続可能な利用と保全に関わっていくことが求められる．そのためには国際社会が一体となって生物多様性とエコシステム・サービスの価値と重要性に関する public awareness の向上に努力すべきである．

注・参考文献

注1）　ITPGRについては，FAOのホームページ http://www.fao.org/AG/cgrfa/itpgr.htm を参照のこと．
注2）　持続可能な生計アプローチに関しては，DIFD（英国の国際開発局）のホームペ

ージ http://www.livelihoods.org/ を参照のこと．

注3) アマルティア・セン（1998，ノーベル賞受賞）は，自由を得る機会について，「ケイパビリティ（capability）」（潜在能力）という考え方が有意義なアプローチであるとする．ケイパビリティとは人間の生命機能（functioning）を組み合わせて価値のあるものにする機会であり，人にできること，もしくは人がなれる状態を表す．ケイパビリティという考え方によるアプローチは，まったく同じ手段をもった人間どうしでも，現実に与えられる機会はきわめて異なったものになる可能性があることを意味する（Sen, 2004）[6]．

注4) CVMは非使用価値である存在価値の計測に適用される唯一の経済学的な手法である．適切に準備された質問表をもとに環境の変化に対する人々の支払意志額（WTP）あるいは受取許容額（WTA）を計測することにより，環境の価値を推定しようとする方法である．

注5) 1992年EU農業理事会は，CAP（共通農業政策）改革に関する一連の決定を行った．この改革に伴う付帯的手段の一つとして，環境に関する新しいフレームワークが導入された．これは環境的に健全な営農を採用し，粗放的な生産を行う農家に対する奨励金に関するもので「環境保護および農村地域の維持のための条件を満たす農業生産方法（EU規則2078/92）」として公布されている．その後数回にわたる改正が行われている．

注6) 「貧困の罠（poverty trap）」とは，人々が置かれている教育，医療，雇用，環境などの社会・経済的な状況により一度貧困に陥るとそこから抜けだせなくなる状況を意味し，その影響は次世代にまでも及ぶことがある．

注7) pro-poor policy は，貧困削減に貢献するような経済成長（pro-poor growth）を促進することを意味して使われることが多いが，実際は先進国および国際機関によって必ずしも統一的な定義がなされているわけではない．

注8) 貧困削減ペーパー（poverty reduction strategy papers）は，世界銀行とIMFが主導しているもので，途上国（75か国）のオーナーシップとすべての利害関係者の参加のもとで貧困削減に焦点を当てた社会経済開発計画を策定するものである．PRSPsは，①共通の目標設定，②目標達成に向けての政策，③資金支援を受ける上での資格要件，④援助協調などについて明確にすることを求めている．

注9) 例えば，Rischard J.F. (2002)[2] は今後20年間に解決すべき20の地球規模の問題として，①地球の共有（グローバルなスペースに関わる問題），②人間らしさの問題（グローバルな努力が必要な問題），③ルールの共有（グローバルな規制が必要な問題）に分けて議論している．生物多様性とエコシステムは地球の共有に分類されている．

1) Roe, Dilys ed.: The Millennium Development Goals and Conservation, IIED, 2004
2) Rischard, J.F.: High Noon, Basic Books, 2002（吉田利子訳：問題はグローバル化ではないのだよ，愚か者—人類が直面する20の課題，草思社，pp. 86, 2003）

3) Shiva, Vandana: Biopiracy: The Plunder of Nature and Knowledge, South End Press, 1997（松本丈二訳：バイオピラシー——グローバル化による生命と文化の略奪，緑風出版，pp. 171-172, 2002）
4) World Resource Institute: Ecosystems and Human Well-being, Island Press, 2003
5) 鷲田豊明，栗山浩一，竹内憲司編：環境評価ワークショップ，築地書館，1999
6) Sen, Amartya: Elements of a Theory of Human Rights, Philosophy and Public Affairs, 2004（東郷えりか訳：人間の安全保障，集英社新書，151 ページ，2006）

その他の参考文献

1) McMains, Charles R. ed.: Biodiversity and the Law-Intellectual Property, Biotechnology and Traditional Knowledge, Earthscan, 2007
2) Takacs, David: The Idea of Biodiversity, The Johns Hopkins University Press, 1996（狩野秀之他訳：生物多様性という名の革命，日経 BP 社，2000）
3) Spaargaraen, Gert *et.al.* ed.: Governing Environmental Flows-Global Challenges to Social Theory, The MIT Press, 2006

7. 環境共生社会を目指す旅行業の課題
―販売用メディアの問題点―

7.1 はじめに

　この数年わが国では，外国人訪日客の促進のために「ビジット・ジャパン・キャンペーン」(VJC) を進めている．21世紀に日本を観光立国にするために，福田首相も積極的に補完の政策を推し進め「観光立国推進基本法」を2007年1月1日施行した．旅行業界は国内・海外を含め未曾有の追い風を受けているようにみえるが，その産業基盤の脆弱さは，環境対策にコストを払う余裕もあまりみえてこない．現在でも旅行会社が制作する旅行パンフレットの25％が消費者に渡らず，破棄処分を行っている状況である．このような現状がどのようなことに起因するか，またその対策はありえるのかを考察したい．

7.2　旅行会社の産業構造

　2005年度中に日本国内で支払われた旅行消費額は24.4兆円に上るといわれている．このうち旅行業界で取り扱っている額は，その1/3の8兆円を超える程度と思われる．国内旅行は，IT環境の進展で旅行業を経由せず消費者が直接サプライサイドに手配をし始めており，旅行業を経由するものは，修学旅行や一部の国内パッケージツアーがせいぜいである．高度成長期からバブル崩壊まで続いた企業・法人国内団体旅行は，バブル崩壊とともに消滅してきた．国内温泉旅行地の旅館業の苦しみは，ここにある．税法上の特典を失い企業も従業員対策の福祉事業に経費を使う余裕もない．JTBを除き，わが国の旅行会社の売上額は海外旅行を扱うことによりようやく成立しているのが現状である．VJCで進めている訪日外国人旅行者も日本の旅行会社を経由せず，韓国系，中国系，台湾系民族資

本の旅行会社（ツアーオペレーター）が取り扱っていることが多い．

1945年の敗戦とともに米国の占領下では，日本の旅行会社は外貨獲得のためひたすら訪日観光の米国人旅行と駐留軍人を対象の旅行に営業努力を傾注した．1947年にパンアメリカン航空とノースウエスト航空が東京まで就航したことでより米国人が訪日することになったが，この状況は1964年の高度成長期まで続いてきた．経済が回復し輸出が軌道に乗ると貿易黒字が目立つようになり，政府は貿易黒字を少しでも削減するために1964年に海外旅行の自由化を実施した．1987年には，運輸省（現在の国土交通省）は海外旅行者倍増計画（テンミリオン計画）を立てて5年間で1,000万人にする予定であったがこれも1年早く達成してしまった．この当時からわが国の旅行会社はアウトバウンドにシフトしたビジネスモデルに偏してきた．現在，毎年約1,700万人を海外に送り出しているが，訪日外国人の数が1/2の835万人（2007年）というアンバランスを解消すべく，フランス・イギリス・中国のようにインバウンドを振興するためVJCを始めている．しかしそう簡単にインバウンド振興に成功できそうにない．近隣アジア圏の訪日旅行は，中国人旅行者を除き市場は成熟している．欧米系旅行者も距離的ハンディから航空運賃が高額であり，また円高による滞在費の問題で横ばいの状況である．結局旅行会社は，日本人の海外旅行にエネルギーを集中せざるをえない現実がある．

7.3 旅行業法上の枠組

旅行業の法制度上の枠組は，1946年の「旅行斡旋業法」施行以来数度の改正が行われて，「旅行業法」と現在は名前を改正している．海外旅行の増加とともにパッケージ化が行われてきたため，内容の改正とともに名称も変化した．1995年に旅行業法大改正が行われた．それ以前の旅行業の登録範囲は，国内の旅行を扱える国内旅行業と海外旅行が取り扱える一般旅行業に分けられていたが，すべての旅行会社が海外旅行を取り扱えるように変更された．現在の枠組は，三つの旅行業種（第1種旅行業，第2種旅行業，第3種旅行業）と旅行業代理店がある．これは海外・国内募集型企画旅行の造成が可能であるか否かを基準に区別している．

第1種旅行業者は，海外旅行・国内旅行とも募集型企画旅行の造成・販売が可

能であり，同様に海外・国内の手配旅行の取扱いができる．第2種旅行業者は国内の募集型企画旅行を造成・販売はできるが，海外の企画旅行には手を出すことができない．しかし第1種と同様に国内・海外の手配旅行は実施できる．第3種旅行業者は国内・海外ともに募集型企画旅行を造成することはできず，海外・国内の手配旅行の手配旅行は可能である．ただし第2種・第3種の旅行業者の海外旅行商品のバリエーションを可能にするために，第1種旅行業者との受託契約を結べば，その委託された第1種旅行業者の海外旅行商品（パッケージツアー）の販売が可能になる．

このように海外・国内募集型企画旅行の造成・販売が可能であるかいなかを基準にしたのは，募集型企画旅行の大量造成が可能であるため，旅行業者の財務能力を超えて募集型企画旅行の造成・販売を図る旅行会社が出現すること防ぐためである．万が一募集型企画旅行の催行不能に陥った場合の救済を可能にするため，第1種・第2種旅行業者には，基準資産がそれぞれ3,000万円，700万円以上と定められており，売上高に応じての営業保証金（第1種7,000万円・第2種1,100万円以上）も積まなければ旅行業を運営できない．しかしこの程度のイニシャルコストで旅行業を開業できることは，他産業と比較して容易に参入できる環境にあるともいえる．旅行業の登録状況は2005年で，第1種旅行業者855社，第2種旅行業者2,776社，第3種旅行業者6,312社，旅行業代理店1,201社と合計で約1万1千社が旅行市場で競争している．しかし第1種旅行業者の80%は従業員50名以下であり，中小企業規模の旅行会社が多いことがわかる．

第1種旅行業者の855社は全旅行業者の約8%であるが，旅行業全体の総売上高の約81%，5兆9千億円を占めている．海外の企画旅行を造成・販売できるかどうかが旅行業で生き残れるかどうかの境界線であるが，それでも855社も第1種旅行業者が存在するため，純粋競争に近く価格競争の激しさは旅行業界の特色である．また人手がかかる労働集約型産業であるため，いかに人件費を削減できるかが課題となっている．現状では，海外・国内募集型企画旅行の添乗だけでなく，手配旅行の添乗員さえも既に派遣添乗員会社に依頼することが当たり前になっている．

7.4　IT 利用によるコスト削減

　IT 環境の進展は 2006 年で 7,400 万人がアクセス可能になり，国内旅行市場の販売形態を一変させ始めている．旅行業界も電子商取引によりコスト削減を図るため積極的に参入しているが，国内旅行市場を除き必ずしも成功している状況にない．国内旅行市場はサプライサイド（運輸業，宿泊業）がネット環境を積極的に利用して，消費者のアクセスを可能にしている．また米国の旅行市場と同様に旅行業界以外からネット旅行業を起業して成功しているところがある．

　国内旅行市場は各家庭に自家用車が普及しており，宿泊手配のみの需要も多くネット旅行業やサプライサイドのネット経由の予約販売が成功している．国内旅行市場で手配する旅行商品は廉価な価格が多いことが，消費者心理に負担を与えていないことが理解できる．国内旅行市場は既に旅行会社を経由せず，いわゆる「中抜き現象」が生じている．一方海外旅行商品はネット経由の販売に成功していない．販売価格が国内より高額な事例が多く，消費者心理に影響を与えているように思われる．

7.5　パッケージツアー（募集型企画旅行）の仕組みと環境問題の課題

　旅行会社の主力商品であるパッケージツアーをここで取り上げたのには理由がある．パッケージツアー販売で必要になる旅行パンフレットが，旅行業の環境問題で大きな位置を占めているからである．旅行会社が作成したパンフレットの 25％ が消費者に渡らないまま破棄されている状況があるからである（図 6.1 参照）．

　パッケージツアーの販売は，旅行パンフレットやメディア広告，インターネット等の様々な媒体を利用しなければ売上げにつながらない．旅行の特質である消費者購入時「無形商品」は，パンフレット等で旅行商品のイメージをアピールしなければならない．大手旅行会社は，パンフレットを年間数万部単位で制作しており，外部の印刷会社にその印刷を依頼することで費用も数億円単位でコストがかかる．あくまでも売上げ見込みの前提で印刷するので，制作分量も大まかになり過大な分量になりやすい．通常上期と下期に分けて作成するのでその費用も多

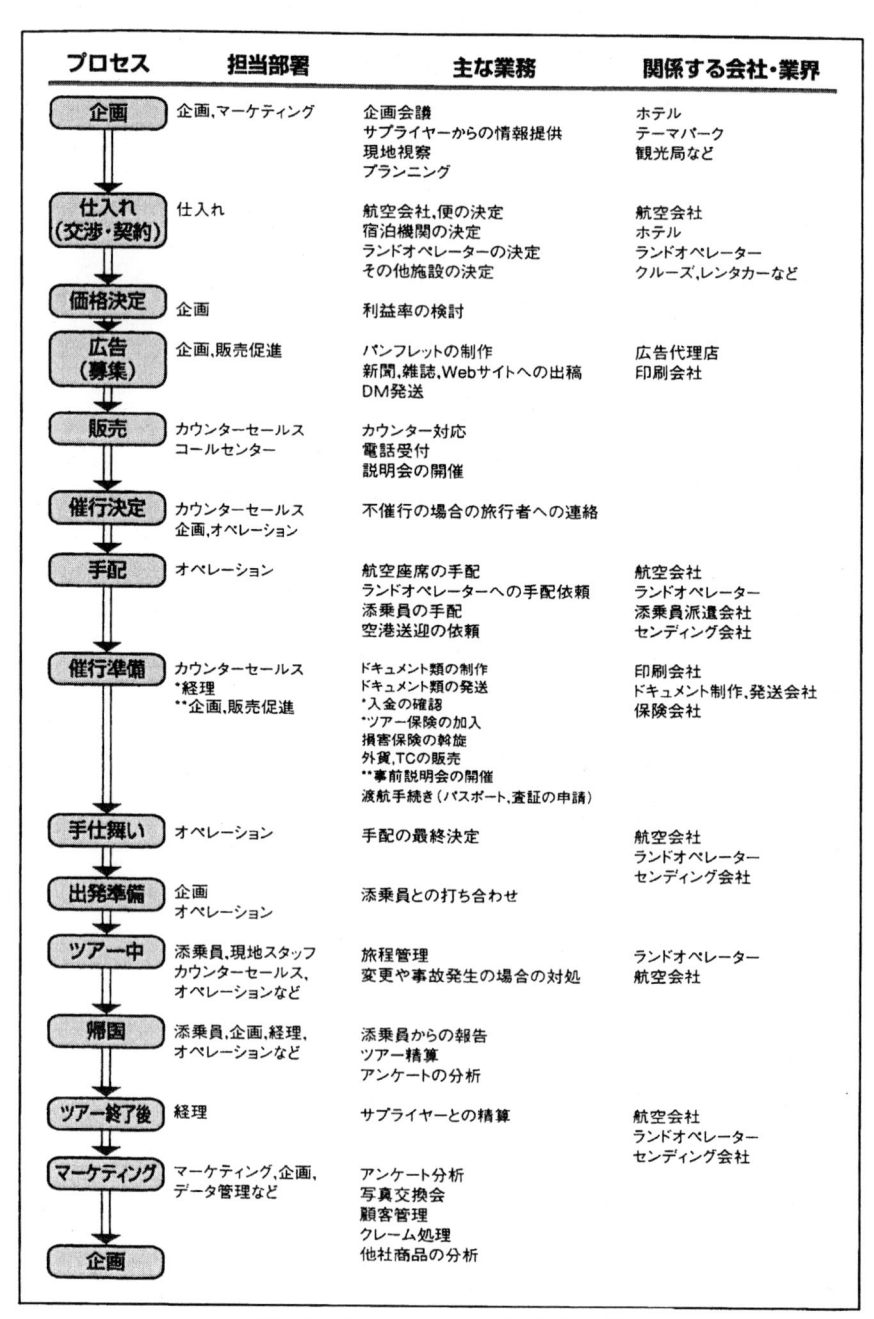

7. 環境共生社会を目指して旅行業の課題

プロセス	担当部署	主な業務	関係する会社・業界
企画	企画,マーケティング	企画会議 サプライヤーからの情報提供 現地視察 プランニング	ホテル テーマパーク 観光局など
仕入れ (交渉・契約)	仕入れ	航空会社,便の決定 宿泊機関の決定 ランドオペレーターの決定 その他施設の決定	航空会社 ホテル ランドオペレーター クルーズ,レンタカーなど
価格決定	企画	利益率の検討	
広告 (募集)	企画,販売促進	パンフレットの制作 新聞,雑誌,Webサイトへの出稿 DM発送	広告代理店 印刷会社
販売	カウンターセールス コールセンター	カウンター対応 電話受付 説明会の開催	
催行決定	カウンターセールス 企画,オペレーション	不催行の場合の旅行者への連絡	
手配	オペレーション	航空座席の手配 ランドオペレーターへの手配依頼 添乗員の手配 空港送迎の依頼	航空会社 ランドオペレーター 添乗員派遣会社 センディング会社
催行準備	カウンターセールス *経理 **企画,販売促進	ドキュメント類の制作 ドキュメント類の発送 *入金の確認 *ツアー保険の加入 損害保険の斡旋 外貨,TCの販売 **事前説明会の開催 渡航手続き(パスポート,査証の申請)	印刷会社 ドキュメント制作,発送会社 保険会社
手仕舞い	オペレーション	手配の最終決定	航空会社 ランドオペレーター センディング会社
出発準備	企画 オペレーション	添乗員との打ち合わせ	
ツアー中	添乗員,現地スタッフ カウンターセールス, オペレーションなど	旅程管理 変更や事故発生の場合の対処	ランドオペレーター 航空会社
帰国	添乗員,企画,経理, オペレーションなど	添乗員からの報告 ツアー精算 アンケートの分析	
ツアー終了後	経理	サプライヤーとの精算	航空会社 ランドオペレーター センディング会社
マーケティング	マーケティング,企画, データ管理など	アンケート分析 写真交換会 顧客管理 クレーム処理 他社商品の分析	
企画			

図7.1 パッケージツアーができるまで[2)

額になる．国際航空運賃は変動することが多くあり，パンフレット制作時にその変動幅を読み違うと経営上の大きなハンディとなる場合もある．

　新聞メディアの広告は不特定多数に配布できるメリットはあるが，限られたスペース内で旅行内容を伝えるという費用対効果に配慮しながらの制作になってしまう．新聞，雑誌の広告は，一つの広告で数百万円単位の費用がかかり，現在でも旅行会社のコスト計算では大規模な販売を前提にしない限り採算割れがほとんどである．また競合旅行各社が限られたスペースで内容を盛り込むと，価格面の競争だけがクローズアップされ低価格競争に巻き込まれてしまう．しかし毎日全国紙の朝・夕刊の広告欄は，大手旅行会社の旅行広告で埋められている．これは競争相手旅行広告が掲載されていて，自社の広告がなければ消費者に対するイメージが低下するとの懸念から掲載されているにすぎない．

　各旅行会社の個別の旅行パンフレットは，十分なスペース確保は可能になるし，関連するツアーごとのスペースも取ることができる．逆に各社の垣根を越えた広告は，旅行方面別の情報も掲載でき，消費者にとっても比較検討ができる便利な形態である．また，新聞広告の割高感と消費者が旅行会社を個別に回り旅行パンフレットを集める不便さを解消するためにリクルート社が開発した雑誌メディアが，「エービーロード」（海外向け）と「じゃらん」（国内向け）である．これらは一時期旅行業界の中心的立場のメディアであったが両誌とも廃刊になる予定である．その理由はインターネットの普及が原因である．消費者の旅行情報収集はインターネットで簡単に手に入れられるようになった．海外のサプライサイドも日本語バージョンを積極的に用意してきている．

7.6　ネット環境下での販売策

　オンライン販売はインターネット普及を先取りするかたちで，旅行業界でも一気に加速しウェブサイトの数も飛躍的に増加した．旅行パンフレットと違い，森林資源を多量に消費することもなく環境に優しいメディアである．コストがかからず伝達できるメリットがあることで導入されたが，利用されているのは国内旅行の宿泊予約や，格安航空券の販売等の単品素材の販売が中心である．収益性の高い海外パッケージツアーではあまり成功していない．パッケージツアーの広告の場合は掲載する写真・情報が多く，パソコンの一つの画面に入りきらない場合

も生じてくる．旅行パンフレットのように比較検討がしづらいことも原因のようである．しかしパンフレットと違い旅行会社の窓口に足を運ぶ必要はないし，24時間対応できるメディアであり，ウェブデザインがうまく作られれば消費者にとっても有益な方法である．

日本旅行業協会（JATA）は2002年に「インターネットと旅行」というテーマでアンケート調査を行った．この調査ではJATAのモニター会員1,465名中77.5%の1,135名から回答を得ている．旅行に行くための情報をどのようにして手に入れているかを国内・海外に分けて質問しているが，両方とも第一番は旅行会社のパンフレット（35%）をあげている．二番目は両方ともインターネットで24%程度である．反面，ネットの簡便性は年代，性別でも情報や契約に関して根強い不安が消費者側にあると想像できる．男性全体では何らかの意味で不安を感じる割合は72%になっているし，女性でも80%が不安になっている．年代別では，女性は平均して変化は見られないが，男性では20代が平均的な80%台であるのに，年代が高くなるごとにインターネットを信頼している層が増加する．60代で不安を感じるのは63%で，中年以上の男性がネットに楽観的であることがわかる．このことは男性の60代がネット経由で被害をあまり受けていないことが原因のようである．このように，消費者全体ではまだインターネットに対して不安感が強く，旅行パンフレットの代替を果たす力が弱いことが判明している．この二つ以外ではガイドブックからが15%，雑誌からが5%であり，旅行会社のカウンターは国内が5%で海外が7%となっている．旅行パンフレットは旅行業約款上の契約条件の書類の役割もあり，現在でも旅行先決定の重要な情報であることは間違いない．

7.7 JTBグループの環境対策の事例

JTBの海外向けパッケージツアーは，「ルックJTB」というブランドで展開しているが，その旅行市場で約8%を占める最大旅行商品である．旅行者の中から年間135万人をルックJTBが獲得している．このルックJTBを造成しているのがJTBワールドバケイションズ（JWV）である．JWVは1999年にISO14001を取得宣言し認証を得た．これは世界的規模の旅行会社の中では最初の企業である．その後2000年にドイツ最大のツアーオペレーターTUIが認証を得ている．

JWV の財務内容の余裕といってしまえばそれまでだが，経営者の中に 1992 年の地球サミット以降の世界規模の環境運動にアンテナを張っている志の高い人々がいたことが大きい要因であろう．JWV は環境活動に関して大きく 6 つの重点的目標をあげて実施している．

(1) 省エネルギー
(2) 省資源
(3) 3R の物品購入
(4) 環境教育
(5) 環境配慮型旅行商品企画
(6) 旅行パンフレットの回収

(1) から (5) までは順調に改善が進み目標数値を超える結果が出ているが，(6) の旅行パンフレットの回収は簡単にみえそうであるがかなり困難な課題である．JTB グループの支店営業所はパンフレットの回収に協力を得ることが容易であるが，ルック JTB のパッケージツアー販売の 40％ 以上は資本系列が別個の JTB 協力代理店業や，委託販売契約の旅行会社である．大量に配布されている旅行パンフレットの中からルック JTB の物だけを分別し回収するのは至難の業である．JTB グループはまだ旅行パンフレットの印刷をグループ企業の (株) JTB 印刷に依頼しているので必要量を厳密に設定し，足りなくなれば再度印刷することができるし，コストの割高は生じてこない．問題なのは JTB 以外の 1 万 1 千社である．また JTB 以外の旅行会社も余剰パンフレット回収を実施していれば，選別も可能になり完全回収は実現できるかもしれないが，現状は不可能に近い．むしろ地域ごとの旅行会社が余剰パンフレットの選別を行いリサイクルに回すシステム構築が現実の解決に近いと思われる．わが国の旅行会社は，第 1 種旅行業を中心の日本旅行業協会 (JATA) と第 2 種旅行業を中心にできた全国旅行業協会 (ANTA) 二つのいずれかに所属しているし，地域ごとに支部が設けられている．今後とも環境問題に旅行業協会は協力すべきである．

7.8 おわりに

旅行業界は企業規模の格差が厳然とあり，JTB グループ以外は旅行パンフレットを自前で制作する力がない．結局外部の印刷会社に依頼する形態であれば，過

剰制作の結果無駄なパンフレット制作を続けることになる．また期限を過ぎた旅行パンフレット回収に無責任になることも多い．近年印刷技術の革新が進んで，デジタル印刷機の進展が顕著である．キヤノンはDBPが簡便にできる機種を開発しているし，リコーはIBMからデジタル印刷機部門を買収した．デジタル印刷機価格の低下も始まってきており，中小旅行会社に導入が進めばパンフレットの必要量制作の厳密さが可能になる．

　旅行会社はインターネットの信頼性確保に今後も努力していくはずであるので，米国並みのセキュリティー確保が進めば，ある程度のパンフレットの代替が確保できるようになる．余剰旅行パンフレットの回収に関しては，新しい動きも始まった．JTBグループ単独の余剰パンフレット回収の問題を先にあげたが，JATA（日本旅行業協会）は，2008年3月から旅行パンフレットの流通実態を調査することを決定した．まず手始めに首都圏の大手旅行会社の旅行パンフレット流通の仕組みや配布量を5月末までに調査して6月の旅行業経営委員会に報告した．このように，JATAが先導する形態で旅行パンフレットの環境問題に着手することになった．今後旅行パンフレットの共有化により，余剰パンフレットの削減や回収が進む事態に進展すれば，旅行会社の環境問題解決の一歩になるかもしれない．

参 考 文 献

1) 唐津康夫：旅行産業における環境活動―サスティナブルツーリズムに向けて―日本国際観光学会論文集，第10号，2003
2) 松園俊志監修：改訂二版 旅行業入門，同友館，2005
3) 「インターネットと旅行」アンケート調査（2）http://www.jata-net.or.jp/tokei/anq/020409monita

第3部

国際共生社会実現の手法

8. 環境共生社会の形成に向けた交通政策と鉄道改革
―スウェーデンの事例を参考に―

8.1 はじめに

　近年，市場原理重視の交通政策が展開される中で，地方交通線など不採算な公共交通機関の存続・維持をめぐって交通政策のあり方が問われている．欧米諸国でも自由化の進展や政府の財政難から公共交通サービスに対する補助が困難となり，その存廃をめぐって様々な問題が顕在化している．本章は，環境共生社会の形成に向けた交通政策の課題という視点から，公共交通サービスについて，とくに環境に優しい交通機関として鉄道の役割に焦点を当てて考察する[12]．交通環境の問題ともあわせ，スウェーデンの事例を参考に，環境共生社会の形成に向けた交通政策と鉄道改革の基本理念を提示する．

8.2 公共交通サービスの特性

8.2.1 利用可能性

　いわゆる「公共財」は外交や国防のように便益が広く国民全体に及ぶものが多い．しかし，中には便益の及ぶ範囲が地域的に限定される公共財もある．便益が地域的に限られてはいるが，排除費用が大きく，非競合性の強い財を「地方公共財」という．交通の分野でこうした財を探すとすれば「利用可能性（availability）」があげられる．交通サービスは実際の利用便益のほか，いつか利用する可能性，すなわち先物需要としての便益や交通施設の存在自体に便益を有する．地方にとってステータスシンボルといわれる鉄道はその典型といえる．このように交通サービスは，交通インフラストラクチャーを提供するサービス，それを利用して行う輸送サービス，さらにはそれら二つのサービスの提供に付随して発生する利用

可能性から構成される.

実際の利用者のみならず潜在的な利用者にも提供する利用可能性および交通施設の存在価値は,周囲の人々に対して非排除的,非競合的に提供されている.もっとも,こうした便益・効用の程度は個々人によって異なり,同一域内であっても施設から離れるほど減少する.また当該便益に対して支払い意思をもつ者ともたない者を識別することは困難である.この場合,便益の享受に際してフリーライダーが発生する.そのため当該交通サービスが過少供給に陥っている場合がある.したがって,このような交通サービスの供給を導くためには人々にその利用可能性や存在価値までを認識させ,かつ支払いを促していく方策が必要となる.こうした交通サービスの非利用価値についても何らかの形で価格機構に組み入れ,その供給を図っていくことは公共交通政策の課題の一つといえよう[5].

8.2.2 公共性と市場介入

利用可能性を除けば私的財たる交通サービスは市場的供給に委ねられるべきものであるが,公的介入を要する側面もある.自由主義経済体制にあっても経済活動は何らかの公的規制を受けている.とりわけ交通産業は事業者の自由な活動が制約されたり,公的補助の対象となることが多い.こうした市場機構への介入は,交通の「公共性」という言葉で正当化される[2].

公共性は市場の失敗・欠落要因の総称と考えられるが,公共性はその時々の社会的背景や経済状況など様々な理由によってその正当性が主張されてきた.とりわけ公共交通については文字どおり公共性が主張されることが多かった.交通サービスの公共性は,主としてその必需性と独占性に求められるが,交通サービスそのものは技術革新,市場条件等によって変化する.多くの国において衰退傾向にある地方の鉄道輸送サービスも,当初は必需性,独占性を有していたが,時代の変化とともに公共性を希薄化させていった.当然,それに見合った政策の実行ないし経営規模の縮小が求められるべきであったが,希薄化した公共性維持のコスト,すなわち当該地方鉄道の運営は,多大な厚生ロスの増大を招いたにすぎなかった.

交通サービスの需要の多くは派生需要であるが,社会・経済活動に必要不可欠な中間投入財・サービスとして需要される.そうした輸送サービスの安定供給を図るため,政府による市場介入が見られたのである.こうした交通サービスの必

需性を反映して公共交通事業者には公共サービス義務（public service obligation）が課せられてきた．また実際の需要がなくても潜在的な需要を考慮して路線の維持・拡大を図ることは，公共交通機関の重要な使命である．この社会的に要請された公共交通の利用可能性の提供に公共性を認める論調は多い．

公共交通サービスは必需的，基礎的なものと考えられるから，政府にとって政策目標を掲げる上では効率概念より重視され，また社会的な理解と合意を得やすい．ところが，利用可能性そのものは外部効果にすぎないから，当該交通事業者に直接的な収入を約束するものではない．したがって，利用可能性までを考慮に入れた公共交通サービスの提供は，早晩，公的助成（＝外部補助）に頼らざるをえなくなる．

8.3 公共交通政策の転換

8.3.1 内部補助体制の崩壊

市場的供給に委ねられるべき公共交通サービスも，ひとたびその公共性を認められると市場からの撤退が困難となる．また不採算な公共交通サービスの問題は市場が競争的となるに伴い顕在化する．欧米諸国でもわが国でも，これまで公共交通機関の運営については収入で経費をどの程度補填するかが問題とされてきた．公共交通事業には事業採算性（＝企業性）の見込める企業的な事業領域と，不採算ながら社会的に当該事業の存続・維持が求められる公共的な事業領域とがある．

一般に公共交通事業は内部（相互）補助に依拠する形でその運営が図られてきた．それは低廉な運賃で過大ともいえる公共交通サービスの提供に大きく貢献した．しかし，一方で，非効率性の一因ともなっていた．独占的な市場環境の中で保たれてきた隠花的な不採算事業も競争の激化とともにその維持が困難となり，内部補助体制は崩壊する．

8.3.2 公共性と企業性

現実の公共交通政策では，公共交通を独立採算原則で運営すべき立場と公共交通を社会的公平達成のための手段として利用可能性の確保に重点を置いた立場とがある．むろん，いずれを基調とするかは，時の政府の姿勢にもより，その判断

表 8.1 企業形態別にみた公共的性格と企業的性格（参考文献16）を参考に筆者作成）

企 業 形 態	公 企 業		公 益 企 業		私 企 業
公 共 性	強	←	［公的所有の程度］	→	弱
［規定要因］	強	←	［公的規制の程度］	→	弱
企 業 性	弱	←	［経営の自立性］	→	強
［規定要因］	弱	←	［企業の効率性］	→	強

注：公益企業を公企業に含めることもあるが，ここでは公益企業の経営形態を（会社法適用の）株式会社とすることで公企業と区別する．

は難しい．公共交通政策の基本は，与えられた制約下において人々が需要する交通サービスを効率的，適正に供給することにある．このとき，公共交通サービスの運営にとって重要な課題の一つが公共性と企業性（＝採算性）の両立である．実際，多くの公共交通事業者が公共性と企業性の両立というジレンマに悩んでいる．

公企業，公益企業は，公共的性格と企業的性格という相対立する二重性格を有している．公共的性格は公共性を重視し，企業的性格は企業性を重視する．公共性は所有の公共性と規制の公共性，企業性は経営の自立性と企業の効率性というそれぞれ二つの要因から規定され，公共性が強まれば企業性は弱まるという相対的な関係にある（表8.1参照）．

8.3.3 鉄道改革

一般に，鉄道改革など規制改革では公共性の達成を使命とする公的部門を縮小ないし廃止し，市場に委ねる領域を拡大する．しかし，それによって公共性が消滅するわけではない．ユニバーサルサービスといった公共性は何らかの形で担保されなければならない．そのための政策領域が公共政策である．鉄道改革を中心とした公企業改革の目的は，独占的な市場構造を前提に設計された旧来の事業組織，事業構造，事業システムを変革し，公共性を担保した上で，当該事業を競争的な市場環境の下に再生，機能させることにある．

例えば，日本の国鉄改革では，当該事業が本州3社のように採算性ある分野と3島会社のように独立採算の達成が困難な分野に分けられた．かつて行われた国鉄自身の経営改善計画では採算性ある事業もそうでない事業も，一様に内部補助に依拠する形で再建を図ろうとした．しかし，国鉄改革では，当該事業を「分

割・民営化」することで，各社ごとの自立採算の可能性をさぐり，内部補助の範囲を最小化，限定するものとした．

その結果，いずれの組織も採算がとれ，安定的な経営が確保される仕組みとなった．事業内容の中で市場原理には任せられないものの，社会的，国民経済的に必要な事業領域，事業部門についてはこれを抽出し，目に見える形の補助・外部補助に委ね，その上で当該事業の存続を図るものとした（3島会社の経営安定基金および日本国有鉄道清算事業団に委ねられた長期債務の処理など）．

8.3.4 構造分離

従来，一体的に運営・管理されていた事業ないし組織を，その所有あるいは支配関係を分離・分割して運営・管理する態様が構造分離（structural separation）である[6]．公企業改革の目的は，当該事業を競争的な市場環境へ適合させることにあるが，そのためには事業組織・事業構造を分離・分割し，民営化するとともに，一方に公共性を担保すべき事業組織・事業システムを創設する必要がある．

公企業に内在・混在した公共的な事業領域，責任領域が画定されてはじめて民間企業としての役割が確定する．すなわち民営化が可能となる．構造改革の目的が競争の導入・促進にあるとはいえ，公共的な事業領域に，直接，競争原理を導入することはできない．この部門は非競争的な事業領域（non-competitive activities）だからである．それゆえ公共的・非競争的な事業組織と企業的・競争的な事業組織に分割する必要がある．

8.3.5 公共政策と競争政策

構造分離は，事業構造の分離・分割によって非競争的・公共的な事業領域と競争的・企業的な事業領域を明確化するが，このことは公共的な事業領域には公共政策，企業的な事業領域には競争政策の適用を意味する．政策当局は，当該事業の特性，例えば不採算ながら社会的に必要なサービスの提供，競争政策のためのアクセス規制あるいは資源の有効活用といった「市場の失敗」への対処，公共性の認定とその実現を担保した上で，競争的・企業的の領域に競争原理を導入し，競争政策を推進していくことができる．構造分離がそのための制度的前提を提供する．ここに構造分離の最も重要な政策含意がある．すなわち競争政策（民営化や市場開放）と公共政策（社会資本の整備，市場の失敗への対処）の両立・調和で

ある．

ただ，このとき，評価基準の異なる公共政策と競争政策には政策実施の整合性が求められる．また，それぞれの政策下に設計された制度間には補完性が求められる．一方の制度が他方の制度全体に与える価値を高め，一方の制度の存在や機能が他方の制度をより強固なものにするからである．いわゆる「制度的補完性」である．こうした制度・政策間の有機的な関係は，一種の相乗効果として社会経済システム全体に一定の機能と安定性を与えてくれる．逆に制度間の整合性・補完性が保たれなければ，改革の効果も半減する．したがって，一方の制度だけを取り上げて，改革しようとしても，その結果は制度間の矛盾や弊害を生み出すにすぎない[14]．

8.4 スウェーデンの鉄道改革と公共交通政策

8.4.1 1988年の鉄道改革

スウェーデンは，日本の国鉄改革の翌年1988年に鉄道史上画期的ともいうべき鉄道改革を実施した．それまで同国の鉄道経営は輸送密度が低いため，ほとんどすべての路線が不採算だった．スウェーデンの公共交通機関は株式会社形態をとっているものもあるが，株式の多くは公的所有にあり，その経営は苦しく，毎年多額の補助を受けていた[3]．経費補填率は35～45%程度であり，公的助成がなければその経営は即座に破綻する（図8.1および図8.2参照）．大量輸送市場に恵まれないスウェーデンでは，公共交通を維持していくための公的助成は避けられない．むろん市場原理に任せて公共交通を消滅させ，私的交通に代替させるこ

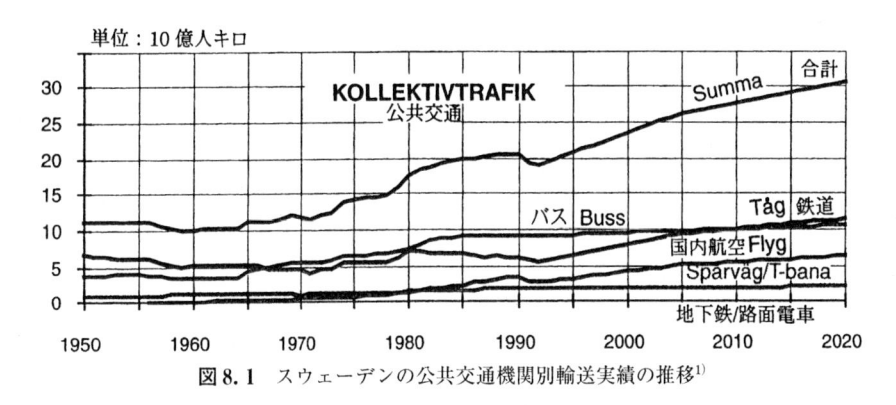

図8.1 スウェーデンの公共交通機関別輸送実績の推移[1]

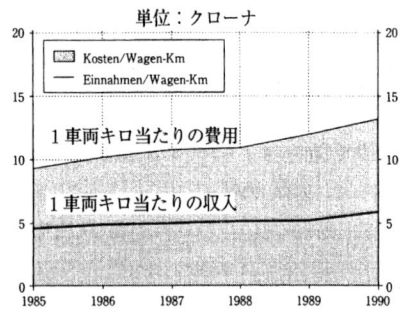

図8.2 スウェーデンの公共交通機関別収支構造の推移[3]

a) 鉄道近距離旅客輸送

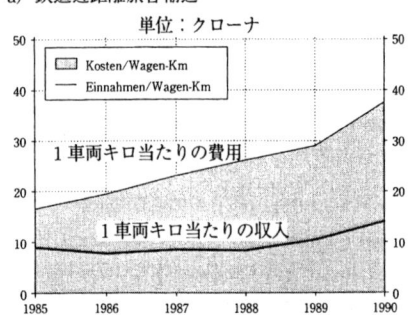

b) 地域バス輸送

とも不可能ではない.しかし,スウェーデンでは,一貫して公共交通に利点を認め,その維持・運営,さらには改革に積極的に取り組んできた.1988年に実施された鉄道改革はその典型といえる.

戦後,スウェーデンにおける鉄道政策の課題は,スウェーデン国鉄（Statens Järnvägar; SJ）の経営にあった.SJの経営は,1950年代から悪化していたが,1960年代以降は常に深刻な財政状態に置かれていた.1980年代に入ると,世界的に規制緩和,自由化が進展する中で,また1992年の欧州連合（European Union; EU）の市場統合を契機に,交通市場の国際化,ボーダレス化への対応から,いずれの交通機関にも国際的な競争力の強化が求められるようになった.

そうした中で,これまで鉄道に対しては,公共性の名の下に政府による保護政策がとられてきたが,「1988年交通政策法」に基づき,抜本的な鉄道改革が実施されることとなった.そして,これを機にSJは輸送事業を専業とするスウェーデン国鉄（新SJ）と鉄道線路を保有し,その維持・管理に責任を有するスウェーデン鉄道庁（Banverket; BV）に上下分離（separation of infrastructure and operation）された.この改革は,鉄道線路の維持・管理責任と費用負担を道路交通と同様,公的機関に移管するとともに,参入規制を緩和し,第三者に鉄道線路を開放するオープンアクセス（open access）の端緒となった[8].

スウェーデンの鉄道改革で重要な点は,上下分離とオープンアクセスがイコールフッティングの制度的前提となっていることである.つまり,上下分離,オープンアクセスは,公正競争ルールのフレームワークを提供するものとなった.自由化,国際化,ボーダレス化が進展する国際市場にあって,公正競争ルールを確

立することの意義は大きい．市場機能の良し悪しは市場で展開される競争のあり方に左右される．

現在，スウェーデンでは，EUの共通鉄道政策に依拠した鉄道政策を展開している．2001年に分割・民営化されたSJも，公正競争の確保を条件に，国際市場の開放を求め，競争力の強化に努めている（図8.3参照）．

管理 (Administration)

| 国会 (Riksdag) 中央省庁 (Regerings-kansliet) | 鉄道庁 (Banverket) 鉄道線路の維持・管理及び建設・整備 鉄道線路所有 | 公共交通庁 (Rikstrafiken) 特定幹線旅客輸送 | 県交通局 (Trafikhu-vudman) 地域公共輸送 地域公共交通用の車両所有 |

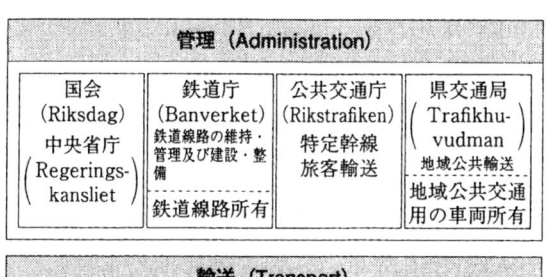

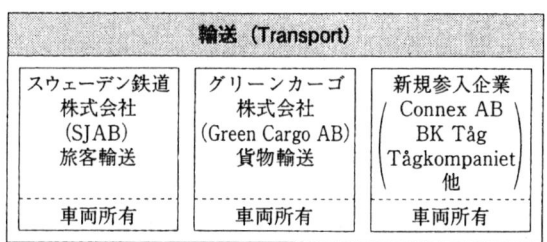

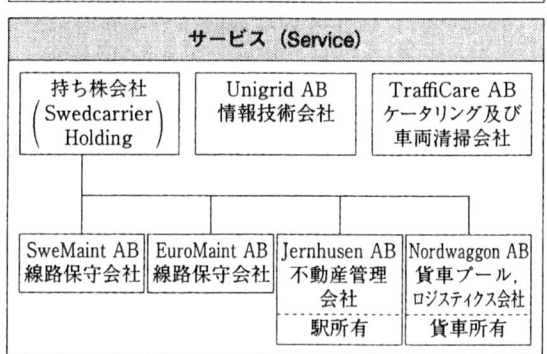

輸送 (Transport)

| スウェーデン鉄道株式会社 (SJ AB) 旅客輸送 車両所有 | グリーンカーゴ株式会社 (Green Cargo AB) 貨物輸送 車両所有 | 新規参入企業 Connex AB BK Tåg Tågkompaniet 他 車両所有 |

サービス (Service)

| 持ち株会社 (Swedcarrier Holding) | Unigrid AB 情報技術会社 | TraffiCare AB ケータリング及び車両清掃会社 |

| SweMaint AB 線路保守会社 | EuroMaint AB 線路保守会社 | Jernhusen AB 不動産管理会社 駅所有 | Nordwaggon AB 貨車プール，ロジスティクス会社 貨車所有 |

図8.3 スウェーデンの鉄道機構図（参考文献9）をもとに筆者作成）

8.4.2 地域化

鉄道改革は中央（国）レベルの改革であるが，地方レベルの改革とも密接に関係している．公共交通の改革は，スウェーデンでは1970年代に地方レベルから

着手され，1980年代に国レベルの改革へと至った．これは交通行政の地方分権化，いわゆる「地域化（Regionalisierung）」として実施された．その過程で，地域交通と全国交通の責任領域が明確化された．

現在，スウェーデンでは，県に置かれた交通局（Trafikhuvudman）が地域の鉄道旅客輸送サービスの内容を決定し，その提供を鉄道輸送事業者に委託している．この場合，輸送事業権は免許入札制（franchise bidding）を通じて最も低いコストで，所定のサービスを提供する事業者に与えられる．ただ，北スウェーデンに運行する夜行列車など，一部の不採算な幹線旅客輸送については，国がこれを購入する形とし，当該輸送サービスの購入額やサービス内容の決定を政府機関たる公共交通庁（Rikstrafiken）に委ねた．

8.4.3 ソシオ・エコノミーとビジネス・エコノミー

ところで，スウェーデンの交通政策の基本は，「正しいこと（the right things）」を「正しく行う（to do things rightly）」と表現されている．「正しいこと」とは「市場の失敗」を是正するソシオ・エコノミー（socio-economy）の政策である．その内容は，交通社会資本の整備，交通環境税の賦課あるいは不採算ながら社会的に必要な公共交通サービスの維持といったことである．いずれも公共性の達成を目標としている．そこでは効率の改善も図られるが，公正・公平概念が政策の主たる評価基準となって政府による市場介入が正当化される．

「正しく行う」とはビジネス・エコノミー（business-economy），競争政策のことである．ここでは効率概念が政策の評価基準となって公正な自由競争と企業性の追求が意図される．例えば，上下分離によって鉄道線路の（過大な）費用負担から解放されたSJは，企業性を発揮することが可能となったが，一面ビジネス・エコノミーに位置づけられたSJの鉄道輸送事業は市場原理に委ねられ，モード内およびモード間競争にさらされる．

スウェーデンは混合型経済システムで市場競争と計画合理性の両立を目指しているが，高福祉政策に象徴されるように伝統的に公的関与が重視されてきた．一方で産業の自由化，国際化は早くから進み，市場はきわめて競争的であった．そのため経済政策は資本主義の特徴である生産手段の私有制と自由経済システムを基本としながら，社会主義経済の計画性と公的関与をより広範にとり入れようとしている．つまり生産過程は資本主義的競争原理で高い生産性を維持しながら，

分配過程は社会主義的な平等原理で徹底的な所得再分配を図った．こうしたスウェーデンの経済政策，社会経済システムは，上記のようなビジネス・エコノミー，ソシオ・エコノミーという二元的な市場政策として展開されている（図8.4参照）．

```
┌─────────────────────────────────────────────┐
│            スウェーデンの交通市場政策              │
│  ┌──────────────┐    ┌──────────────┐        │
│  │ソシオ・エコノミー│    │ビジネス・エコノミー│    │
│  │(socio-economy)│⇔│(business-economy)│    │
│  └──────────────┘ 制  └──────────────┘        │
│   ┌─政策内容─┐  度   ┌─政策内容─┐              │
│   ・交通社会資本の整備 的 ・規制緩和，自由化       │
│   ・交通環境税の賦課  補 ・オープンアクセス       │
│   ・「地域化」による地域 完 ・公企業の民営化       │
│    公共交通の運営    性 ・規制改革                │
│         ↓       ⇔        ↓                   │
│   ┌─政策目標─┐      ┌─政策目標─┐              │
│   ・「市場の失敗」の是正  ・公正な自由競争         │
│   ・公共性の達成        ・企業性の追求           │
│   ［資源配分の最適化］  ［資源配分の最適化］     │
│   ［適正な所得分配］                             │
│   ┌主たる評価基準┐    ┌評価基準┐               │
│   ・公正・公平          ・効率                   │
│         ↓                ↓                    │
│  ┌─────────────────────────────────────┐    │
│  │  公正かつ自由な交通市場システムの創設       │    │
│  │ ・公正競争ルールの確立 ・イコールフッティングの実現│    │
│  └─────────────────────────────────────┘    │
└─────────────────────────────────────────────┘
```

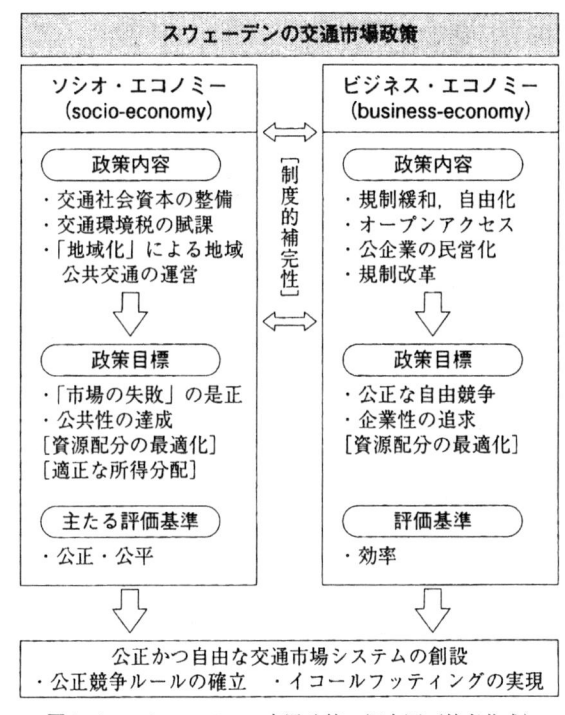

図8.4 スウェーデンの交通政策の概念図（筆者作成）

8.4.4 参入自由化・外部補助

スウェーデンの公共交通政策の展開から示唆される公共交通政策の制度設計理念は，公共交通の公共的領域（＝公共性）と企業的領域（＝企業性）を明確にした上で，市場原理の有効活用を図っていくことにある．企業的な事業領域を市場原理に委ね，当該領域の可能な限りの規制緩和と自由化を図る．つまり効率的に機能する公共交通サービスシステムの設計である．一方，採算性がなくても社会的に必要な輸送サービスの提供，利用可能性の確保は公共的領域として当該政府の判断と意思決定に委ね，同時に公的な費用負担（＝外部補助）を担保した．

ここに参入規制・内部補助型の交通政策，鉄道政策から参入自由化・外部補助型の交通政策，鉄道政策への転換がなされた．その結果，真に競争力ある事業領域が抽出されるようになった．交通事業の公共性と企業性を峻別し，交通の利用可能性にも光を当てていくことが，スウェーデンの公共交通政策の課題となっている．

8.5 スウェーデンの交通環境政策

8.5.1 持続可能な社会—「緑の福祉国家」—

交通のもたらす環境問題については，モータリゼーションの進展や産業経済の発展の結果として必然的にもたらされる排気ガス，騒音，大気汚染，振動が人々の健康に害悪を与えることから，あるいは排出された CO_2 の増加が原因と考えられる昨今の地球温暖化現象などから，近年，猶予ならぬ事態となっている．

こうした環境問題に対して，世界的な関心が高まる中で，これに最も先進的，積極的に取り組んできた国が，スウェーデン，ノルウェー，デンマークといった北欧諸国である．中でもスウェーデンは，環境政策に最も先進的な国である．

2005年1月，スウェーデンでは環境への取組みを図るため環境省を廃止し，新たに「持続可能な開発省」を設置した．これを機に，スウェーデンは，「福祉国家」から人間と環境の両方を大切にする（生態学的に）持続可能な社会，資源・エネルギーの使用をできるだけ抑えた社会，いわば「緑の福祉国家」への転換を図った[13]．

8.5.2 1998年交通政策法

現行のスウェーデンの交通環境政策は，「1998年交通政策法」に規定されている．その理念は，将来の交通システムが資源を枯渇させることなく，環境を破壊することなく，健康を損ねることなく，社会・経済の発展に寄与することを謳っている（A transport system of the future must contribute to economic and social development without depleting natural resources, destroying the environment or ruining human health.）．そして，「すべての国民と企業に，社会経済上，効率的で，長期的にも持続可能な，良質で環境に優しい安全な交通サービスを提供する．そのためには大気汚染費用など外部不経済の内部化を図ること，内部化はイ

ンフラストラクチャー使用料および燃料税あるいは交通事業規制を通じて行われるもの」とした．とくに長距離輸送分野では外部不経済の内部化を完全に実施することで自動車から鉄道へのモーダルシフトを促進しようとしている．また交通システムが，経済的，社会的，文化的かつ環境的にも持続可能なものでなければならないものとして（A transport system must be economically, socially, culturally and ecologically sustainable.），以下のような交通の政策目標を定めている[15]．

① 国民生活の向上と産業の発展に寄与する．
② 環境に配慮する．
③ 交通事故死傷者をゼロにする．
④ 交通の利便性を向上させる．
⑤ 地域経済の発展に寄与する．

こうした政策目標を達成する上で，最も優れた特性を発揮する交通機関が鉄道である．環境政策が重要な関心事となっている欧州，とりわけ北欧では，鉄道輸送を中心とした公共交通政策の展開を図ろうとしている．

8.5.3 環境費用の負担

交通環境政策の具体策としてCO_2税の導入など社会的（外部）費用の内部化がある．こうした環境費用の概念，計測は正確にはきわめて困難なものであるが，スウェーデンでは，「ともかく大気汚染を軽減していかないことには，将来に禍根を残す．正確な方法がないからといって何もしないでいるよりはずっとよい」といったプラグマティックな発想から試行錯誤的ながら環境費用の負担システムを導入した．ただ，環境費用を中心とした外部費用の計測は，技術的にはきわめて困難である．スウェーデンで採用されている基準値もあくまで暫定的なものであり，今もより正確な計測方法，確定値が求められている[10]．

環境費用の負担（とくにCO_2税など）は，一般の企業にとっては費用増の要因となり，それが企業の（国際）競争力の低下につながる恐れがある．とくに石油関連産業の競争力の低下を懸念する声は強い．実際，スウェーデンのガソリン税などはCO_2税も含め高い水準にある．対外貿易が重要な役割を占めるスウェーデンの産業，経済にとって，こうした環境税の導入は企業にとって大きな負担となっている．しかも，そうした費用負担が必ずしも整合的でなく，不公平感を生んでいる事実も無視しえない．また環境費用は自国だけがそれを負担するシス

テムを採用しても十分な効果はあげられない．周辺諸国はいうまでもなく，世界的な規模での同時的導入が必要である．欧州でも環境政策をめぐっては南北問題が存在し，環境問題は欧州各国の経済発展の兼ね合いとも絡み，複雑，困難な問題を抱えている[4]．

8.6 プラグマティックな政策アプローチ

以上のように，スウェーデンにおける交通政策の展開は，きわめて早い段階から環境政策に対してプラグマティックなアプローチを続けてきた．1988年の鉄道改革ではすべての交通機関が社会的限界費用に基づくインフラストラクチャー使用料を支払うことで社会的費用（より直接的には環境費用）を負担し，望ましい資源配分の達成を図ることが政策目標として掲げられた．むろん，そうした費用負担システムのすべてが，必ずしも合理的，整合的に機能しているわけではない．しかし，そこには，「ともかく実施してみる」といったスウェーデン人の進取の国民的気質がうかがわれる．

スウェーデンは，伝統的に新しい発想から新しい概念を生み出し，世界に先駆けて新しいシステムを創造し，社会を変革するのが得意なシステム思考の強い国である．この点，以下に引用する岡沢憲芙氏の文章は，スウェーデン人の気概と同国の政策手法を理解する上で示唆に富む[11]．

「スウェーデンという国は人類の文明史の上で独特の存在感・意義を持っている……．挑戦的な実験の多くが，ユニークな発想を基礎にしているだけでなく，達成水準が高く，また比較的短い期間に積極的に行われたこともあって，誤解や無理解を生みやすいことも否定できない．」

注・参考文献

1) Banverket: *Stonätsplan 1994-2003*, Banverket, p.11, Borlänge, 1994
2) 藤井彌太郎，中条　潮：現代交通政策，東京大学出版会，1992.3
3) Geuckler, Michael: Der öffentliche Personennahverkehr in Schweden- Erfahrungen mit einer neuen Organisationsstruktur-, *Die Bundesbahn*, 12, S. 1223-1227, Frankfurt am Main, 1991
4) 堀　雅通：スウェーデンの交通政策と環境問題-交通の社会的費用内部化の問題をめぐって―，「観光産業」第10号，pp. 17-43，東洋大学短期大学観光産業研究所，

1993.3
5) 堀 雅通:公共交通政策の現代的課題—スウェーデンの事例を参考として—,「国際公共経済研究」No.13, pp.15-23, 国際公共経済学会, 2002.12
6) 堀 雅通:構造分離・上下分離の機能と役割及びその政策含意,「交通学研究」2004年研究年報, 日本交通学会, pp.1-10, 2005.3
7) 堀 雅通:スウェーデンにおける交通政策の展開と鉄道改革,「運輸と経済」第66巻, 第11号, pp.25-31, 運輸調査局, 2006.11
8) 堀 雅通:スウェーデンの鉄道改革にみる上下分離とオープンアクセス—その機能と役割及び政策評価—,「観光学研究」第6号, pp.83-94, 東洋大学国際地域学部, 2007.3
9) Merkert, Rico: Die Liberalisierung des Eisenbahnsektors in Schweden — Ein Beispiel vertikaler Trennung von Netz und Transportbetrieb — , *Zeitschrift für Verkehrswissenschaft*, 76, S.134-163, Heft 2, Hamburg, 2005.1
10) Ministry of Transport and Communications: Traffic Charges on Socio-Economic Conditions – Summary of a report from the Ministry of Transport and Communications in Sweden on the concept of cost responsibility and socio-economics in the field of transport and environment, Ministry of Transport and Communications, Stockholm, 1992
11) 岡沢憲芙:スウェーデンの挑戦, 岩波書店, p.12, 1991.7
12) 太田勝敏:環境共生社会へのアプローチ, 東洋大学国際共生社会研究センター編「国際環境共生学」朝倉書店, 第1章, pp.1-8, 2005.8
13) 小澤徳太郎:スウェーデンに学ぶ「持続可能な社会」—安心と安全の国づくりとは何か—, 朝日新聞社, 2006.2
14) 酒井邦雄, 寺本博美, 村上 享, 吉田雅彦:経済政策入門, 成文堂, 第9章, pp.141-156, 2002.4
15) The Government Commission on Transport and Communications: Heading for a new transport policy-Final report by the Government Commission on Transport and Communications-, Off-print of the summary, The Swedish Government Official Report SOU 1997:35, Norstedts Tryckeri AB, Stockholm, 1997
16) 植草 益:公的規制の経済学, NTT出版, 2000.7

9. 共生社会構築に向けた子どものエンパワーメントを通した地域社会開発
―ベトナムにおける NGO の活動事例から―

9.1 はじめに

9.1.1 ベトナムにおける国際 NGO の活動

ベトナムでは現在，ヨーロッパ，アメリカ，日本などからの500以上もの NGO 団体が活動を展開しており，その活動分野は都市の貧困問題，障害児者支援，農村開発事業，保健医療，教育支援など，多岐にわたっている．1996年の首相決定 Decision No. 340/TTg に基づいて定められた「ベトナムにおける国際 NGO の活動に関する規定」[1] が制定されて以来，ベトナムで国際 NGO が活動するための環境が少しずつ整備されてきている．また，2006年12月には首相決定 Decision No. 286/2006/QD-TTg に基づいて，「2006～2010年国際 NGO による援助促進に向けた国家プログラム」[2] が定められ，ベトナムの重点課題における国際 NGO との連携強化が打ち出されるようになった．その一方で，国際 NGO が活動するにはあらゆる場面で政府の許可が必要であり，国際 NGO の活動の自由度に制限があるという課題は依然として残っているのが現状である．

9.1.2 共生社会

「共生」には様々な視点があり，環境問題という視点からの共生，国際社会という視点からの共生，地域開発という視点からの共生，障害者の自立という視点からの共生，性別や世代という視点からの共生などがあげられる．「共生」そのものに多くの観点が存在しており，それゆえ，共生社会の実現のためには様々な側面からの取組みが必要であるといえよう．

本章では，日本の NGO によるベトナム貧困地域における子どものエンパワーメントを通した地域社会開発の取組みを事例として，そうした手法が地域の子ど

もや大人にどのようなインパクトを与え，さらに「共生社会の構築」につながっているのかということを考えてみたい．なお，ここでは，子どものエンパワーメントを「子ども達自身がその置かれた状況の抱える問題を自覚し，自分達の生活を共に連携しながら改善する力をつけること」と定義する．

9.2 NGO によるベトナム貧困地域における地域社会開発事業[3]

9.2.1 地域概要および事業概要

(特活) ブリッジエーシアジャパン (BAJ; Bridge Asia Japan) は，ベトナム・ミャンマーで国際協力活動を実施する日本の NGO 団体で，2002 年よりベトナムのホーチミン市およびフエ市において，地域社会開発事業を実施している．

ホーチミン市での活動対象地域である第2区アンカイン地区は，人口約 16,200 人，面積 177 ha のホーチミン市中心部からサイゴン川を挟んだ対岸に位置する貧困地域である．元々その地に住んでいた住民と地方から都会での仕事を求めて移住してきた住民とが混在して居住している地域である．住民の多くは，市中心部の路上での小売，内職，バイクタクシー，シクロ（三輪タクシー），建設労働などで生計を立てており，毎日のわずかな収入は，日々の生活費と高利貸しからの借金の返済に消えてしまうことがほとんどである．政府によるインフラ整備の遅れや地域住民の環境に対する意識の欠如などから，BAJ がこの地域で活動を開始した 2002 年当時は，地域の中にはゴミのたまった池や未舗装で水はけの悪いぬかるんだ道が多く，トイレや市水道が未整備の家庭も多かった．第2区内のアンカイン地区・トゥーティエム地区・アンロイドン地区・ビンアン地区・ビンカイン地区の5地区（合計 737 ha，うち 657 ha が完全に新しく開発され 80 ha は現状を改善）にトゥーティエム新都市を開発する計画があるため[4]，本事業の対象であるアンカイン地区の住民も既に一部が移転を始めている．

フエ市での活動対象地域であるフービン地区は，市内で最も経済的に貧しい地区の一つで，人口約 10,850 人，面積は 600 ha である．市内を流れるフオン川の支流に住む水上生活者（図 9.1）や，ユネスコの世界文化遺産に認定されている王宮の城壁沿いに居住する世帯など，市の移転計画に指定されている地域に住む世帯も多く，そうした人達は引き売り，シクロ，バイクタクシー，市場での積荷，川砂採集，零細養殖などの低所得労働を生業としている．BAJ がフービン地

区で活動を開始した2002年当時は，市水道や電気は未整備で，ゴミ収集サービスもなく地域には悪臭が漂っていた．フエ市の中でも児童労働の割合はフービン地区が最も高く，そのため就学率も低かった．また子どもだけでなく，とくに女性では全体の8割が文盲であり，教育水準は低いのが実態であった．ベトナムでは家族計画化（2人子政策）を推進し

図9.1　フエ市フービン地区水上生活地域

ているが，フービン地区の貧困地域では1家族における子どもの数も多く，平均して4～5人，中には8人の子どもをもつ家庭もいる．地域住民の中には性感染症や結核などの病気に感染している人も多い．

BAJは2002年よりアンカイン地区およびフービン地区において，① 居住環境・衛生改善および環境教育，② 教育支援，③ 生計安定・収入向上，④ 都市の農村の連携，といった観点から，地域の子どもや大人を取り込みながら地域社会開発事業を実施している．両地区における事業概要を表9.1に示す．

9.2.2　居住環境・衛生改善および環境教育活動のプロセス

表9.1内の活動のうち，下線の項目については，その活動の過程において何らかの形で子どもが関わっているものである．中でも居住環境・衛生改善活動では，子ども達が地域の抱える問題を考え，その解決のための方法を地域の大人に提案し，大人も巻き込みながら解決策を実行していく，というように子どもが大人をリードする形で活動に関わっている．各活動によって細かい点での活動の流れは異なっているが，大部分の活動で共通しているのは，子ども達が地域観察などを通して地域が抱える問題点を把握し，それを模型・クレイアニメ作りなどによって視覚化し，作った作品を用いて地域の大人にその課題を提起し，課題を改善するための方法を話し合う．そして，さらに改善策を模型という形で視覚化し，それに基づいて大人との話合いを重ね改善策を実現させていく，という流れである（図9.2）．以下の二つの活動を例に，その活動プロセスを紹介する．

表 9.1 アンカイン地区およびフービン地区における事業概要（筆者作成）

活動場所		ホーチミン市アンカイン地区		フエ市フービン地区
目的		① 居住環境・衛生状態の改善 ② 住民の環境・衛生に対する意識の向上 ③ 地域の教育水準の向上 ④ 貧困世帯の生計安定・収入向上 ⑤ 都市と農村の連携		
期間		2002 年 4 月～現在		2002 年 11 月～現在
活動内容	居住環境・衛生改善および環境教育	・ゴミ分別活動 ・路地舗装・修繕 ・地域の植樹 ・排水整備 ・公園作り ・環境・衛生教育	⇔ ネット／相互訪問交流	・ゴミ収集サービス ・ゴミ分別活動 ・路地整備 ・水道整備 ・公共水浴び場整備 ・排水整備 ・環境・衛生教育
	教育支援	・就学支援 ・補習クラスの実施 ・子ども会の実施		・就学支援 ・補習クラスの実施 ・子ども会の実施 ・大人のための識字クラス ・愛情学級用教室の建設
	都市と農村の連携			・農村の自然観察 ・生ゴミなどの堆肥化 ・堆肥を使った農業の推進 ・都市の子どもの農業体験
	生計安定収入向上	・貯金／マイクロクレジット		・貯金／マイクロクレジット ・青少年の技術訓練・就業支援
活動に参加する子どもの年齢層		7 歳から 13 歳		8 歳から 15 歳
子ども達の活動形態		環境活動グループ（1 グループ 7 人～12 人）を作って活動 各グループにはグループリーダー，サブリーダーがいる．		
実施体制		ホーチミン市労働傷痍軍人社会局の管轄下，BAJ が地元の大学生ボランティアとともに実施		フービン地区人民委員会，フービン地区女性同盟，フービン地区内小・中学校との協力の下，BAJ が実施

[**事例 1** ホーチミン市アンカイン地区で行われた地域の植樹活動]

　アンカイン地区のサイゴン川沿いでは，以前は川に面して家が立ち並んでおり家屋が川の干満による影響を防いでいたのだが，上述のトゥーティエム新都市建設計画の影響で 2004 年に川沿い世帯が急激に移転をした結果，川沿いの道が干

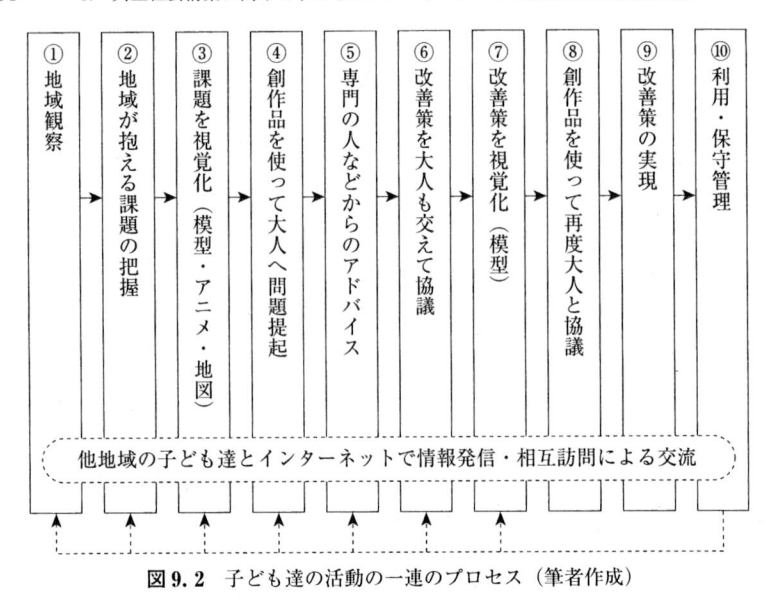

① 地域観察
② 地域が抱える課題の把握
③ 課題を視覚化（模型・アニメ・地図）
④ 創作品を使って大人へ問題提起
⑤ 専門の人などからのアドバイス
⑥ 改善策を大人も交えて協議
⑦ 改善策を視覚化（模型）
⑧ 創作品を使って再度大人と協議
⑨ 改善策の実現
⑩ 利用・保守管理

他地域の子ども達とインターネットで情報発信・相互訪問による交流

図 9.2 子ども達の活動の一連のプロセス（筆者作成）

満の影響でひび割れするようになった．そのことが地域住民の中でも問題として取り上げられ，地域の子ども達が中心となって以下のようなステップで問題の改善を図った．

(1) 地域観察・課題の把握：まず，地域の子ども達は，川沿いの道のひび割れの現状を把握するために，川沿いを歩いて記録をとったり写真を撮影したりした．

(2) 課題の視覚化：(1) の観察結果を地域の他の人達が見てもわかりやすいように，子ども達が地図にまとめた．

(3) 創作品を使って大人へ問題提起：子ども達は，その地図を手に地域の住民リーダーや大人達へ解決方法について相談をもちかけた．コンクリート護岸にするといった意見も出されたが，資金的に難しいこと，また地域の中の緑を増やしたいという思いとあいまって，植樹をして強い川岸を作ることが提案された．

(4) 解決手法の研究（他地域の視察，専門家の意見，地域の大人の意見）：次に，どのような木であれば川の干満に強くかつ川岸の土を強化することができるのかということを探るために，子ども達は木が植えられている他の川沿い地域を観察に行き，どのような種類の木が植えられているのかを研究し

た．また，そのような条件に適した木は何か，植木職人や地域の大人の意見を聞きに行ったりした．
(5) 改善策の視覚化：植樹する木の種類の候補があがった後は，川沿いに木を植えた場合に地域がどのようになるかということを表現した模型を子ども達が作製した．
(6) 創作品を使って大人と協議：作製した模型を地域住民の前で子ども達が発表して大人の意見を聞き，川沿いの植樹の方法を最終的に決定した．
(7) 改善策の実現：植樹の際には植木職人に植え方を教わりながら子ども達が中心となって植樹をした．
(8) 利用・保守管理：植樹完了後も子ども達が木の世話をしたり，木の成長記録をとったりしている．植樹をした当初は背丈が1mほどだった木も，3年後には3m以上にも成長して花を咲かせるまでに育っており，木々が生み出す木陰が地域住民にとっての休息の場にもなっている．

[**事例2** フエ市フービン地区で行われた排水整備事業]

フービン地区の水上生活地域および王宮城壁沿い地域では，すべての生活排水が川や王宮城壁沿いの堀の中に直接流れ込んでいた．一方で，地域住民にとって川の水は洗濯・食器洗い・水浴びなど飲料以外のあらゆる場面で利用されているものであった．また，王宮城壁沿い地域では，堀底に設置されている井戸水は同様に飲料以外のあらゆる場面で使われている水であったが，雨季に堀に水がたまるようになると堀の水が井戸水に流れ込んでしまうような場所に設置されていた．このように，川や堀は生活用水源でもあり，同時に使用した水が流れ込む場所にもなっていた．それゆえ，川や堀に流れ込む排水をいったん処理してから流すことは，地域住民の生活用水の安全性を高めるという意味でも必要とされていることであった．そこで，以下のようなステップで問題の改善を図った．
(1) 地域観察・課題の把握：地域の子ども達が，地域の人達はどのような場面でどこから入手した水を使っているのか調査し，さらに各用途の水がどこに排出されていくのかを調べて，記録や写真撮影を行った．
(2) 課題の視覚化：撮影した写真などを使って，子ども達が観察記録の結果を壁新聞としてまとめた．また，粘土を使ったアニメ（クレイアニメ）を作製し，王宮城壁沿い地域の人々が使った水が堀に流れ，その堀から水上生活をする人々が住む川に流れ込み，さらに川の本流に出て海にまで流れていく

ことを表現した.
(3) 創作品を使って大人へ問題提起：子ども達が壁新聞やクレイアニメを地域住民の前で発表し，地域の排水の問題を提起して住民と話し合った．
(4) 解決手法の研究（排水溝について）：排水溝の整備方法について，子ども達が地域の大人や建設業従事者の意見を聞きに行った．
(5) 改善策の視覚化（排水溝について）：地域の中にどのような経路で排水溝を整備するのか視覚で理解できるように，子ども達が地域模型を作った．
(6) 創作品を使って大人との協議（排水溝について）：作製した模型を地域住民の前で子ども達が発表し，地域の中に整備する排水溝の経路を住民と再確認した．
(7) 解決手法の研究（処理槽について）：子ども達が調べた地域の排水の現状や1日の水使用量などを排水処理の専門家に発表し，処理方法について専門家のアドバイスを受けた．これによって，子ども達は処理槽の仕組みを理解し，自分達の地域の水使用状況から考慮してどのくらいの大きさの処理槽が必要になるのかということを理解した．
(8) 改善策の視覚化（処理槽について）：排水処理の専門家のアドバイスに基づいて，排水の簡易処理槽の構造を説明するための模型を子ども達が作製した．
(9) 創作品を使って大人との協議（処理槽について）：作製した模型を子ども達が地域住民の前で発表し，建設予定の簡易処理槽がどのような仕組みになっているのかについての地域住民の理解を促した（図9.3）．同時に，排水を流す際に留意しなければならない点についても地域住民に呼びかけた．具体的な工事の方法や必要な資材について，建設の知識のある住民から意見を聞いた．
(10) 改善策の実現：建設の知識がある住民達が労働力を提供して工事を実施した．簡単な作業は，子ども達もお手伝いをしたり，模型の設計どおりに工事が進んでいる

図9.3 簡易浄化槽の模型を地域住民に説明する子ども達

かを子ども達がチェックしながら，工事を進めていった．

(11) 利用・保守管理：排水溝と簡易処理槽の完成後は，地域住民が利用しながら管理を担っている．排水溝のゴミ採り網が詰まるといった問題が発生することもあったが，そういう場合は子ども達が原因を調べ，調べた結果をもとに地域の大人達と相談して解決を図っている．

これらは地域に住む子ども達が集まって形成された子ども環境活動グループが中心となって行っている活動だが，こうした一連のプロセスの中で，子ども達が活動の中で主体的役割を果たすと同時に，大人がもっている知恵や経験を借りたり，子どもではできない部分を大人に手伝ってもらったりしながら，子ども達の活動の中に自然と大人も巻き込んでいる．また，これらの活動をホームページで発信し，他地域に住む子どもどうしがチャットを使って意見交換したり，相互訪問による活動紹介を行ったりすることで，活動の活発化を図っている．例えば，ホーチミン市アンカイン地区での植樹活動を知ったフエ市フービン地区の子ども達がそれに触発されて，用便をする人が多いことが問題となっていた王宮の城壁沿いの細長い道沿いを人々が憩う場所に変えようと，木を植える活動を行った．また，フービン地区の排水整備の際に子ども達が作った簡易浄化槽の模型を見て，アンカイン地区の子ども達も自発的に浄化槽の模型を試作し，排水が浄化される仕組みを学ぶという姿も見られた．このように同様の活動に取り組む異なる地域に住む子どもどうしが，互いの活動を紹介したり意見交換をしたりする機会を作ることで，子ども達による自発的な活動の展開が見られ始めている．

9.2.3 都市と農村の連携に向けた取組み

ベトナムでは一般的にゴミの分別は行われておらず，すべてのゴミが埋め立て処分されている．しかし都市の発展・人口増加に伴ってゴミの量は急激に増加し，ゴミをいかに減らしていくかという問題はベトナムの各都市が抱える重要課題の一つとなっている．そのような中，BAJ はフエ市フービン地区において 2004 年からゴミの分別活動に取り組んできている．2002 年から 2003 年にベトナム各都市のゴミの現状を調査した結果[5]，ゴミ量増加の原因の中でもとくにビニールゴミの量が増えていることが判明した．

ベトナムでは資源ゴミを買い取る人が街の中を行き来しており，ビン・空き缶などの資源ゴミは，衰退傾向にはあるものの，ある程度のリサイクルが行われて

いる．一方ビニール袋は，大量であれば資源ゴミとして買い取ってくれるが，一般家庭から出てくる程度のビニール袋の量では買い取ってもらうことができない．それゆえ，地域全体でビニール袋をはじめとする資源ゴミを回収し，リサイクルに回すことにしたのである．家庭で分別した資源ゴミを，毎週2回地域の子ども環境活動グループが回収し，リサイクル業者に売却するという仕組みを構築し，現在も継続している．そういった資源ゴミ回収活動を継続して3年，対象地区から発生する資源ゴミ量を抑制することができてきたものの，生ゴミの量は依然として多いことが問題となっていた．そこで，ビール瓶は回収してビール工場に返却するように，生ゴミも回収して堆肥化し土に戻そうという取組みを子ども達とともに2007年からフービン地区において開始し始めた．

またその頃フービン地区で課題となっていたのが，地区の市場の排水が臭いということだった．その問題が地区の老人会から指摘されたことを受けて，地域の子ども達が市場を調査した結果，市場の魚屋が魚をさばいて売った後の魚の内臓や頭などのゴミをすべて市場の地面に捨てて，市場の閉店後にそれらがすべて排水に流されていることがわかった．それゆえ，市場の排水が臭いのは多くの魚ゴミが排水溝に流れ込んでいることが原因の一つとして考えられたため，地域の子ども達が中心となって，魚ゴミは市場の地面に捨てず，子ども達が回収に来る際に出してもらうよう魚屋に呼びかけた．そのようにして始まった魚ゴミ回収は，2007年末現在，毎日昼の時間（フービン地区の学校は2部制であるが，昼は午前クラスの子も午後クラスの子も参加できる時間であり，かつ市場の閉店に近い時間であるという理由から，子ども達が昼の時間の回収を決定した）に地域の子ども達が市場内の魚屋を訪問して魚ゴミを回収し，それを堆肥化させている．

一方，フエ市内の近郊農村であるフオンロン地区では，都市の拡大，農家の厳しい経済状況などを背景に，とくに若い世代を中心に農業離れが進行していた．近郊農村から人が出て行くばかりで入ってくることは少なく，それゆえどの農家もわずかな働き手でも栽培可能な作物ばかりを栽培し「特産」といえるものを栽培する農家はほとんどなく，さらに農業で生計を立てていくのが厳しくなるという悪循環をたどっていた．

そこで，フエ市都市部に位置するフービン地区での生ゴミの減量化の必要性とフエ市近郊農村部に位置するフオンロン地区における農村の活性化の必要性とを結びつけて，BAJは2007年より，都市と農村部の資源循環，都市と農村部の

人々の行き来を促進する活動を始めたのである．2007年末現在では，フービン地区の家庭で発生した生ゴミや市場で発生した魚ゴミを地域の子ども達が回収して堆肥化し，それをフオンロン地区まで運んで農業への利用に役立てたり，フービン地区の子ども達がフオンロン地区の子ども達と一緒に農村の自然を観察したりしているが，将来的にはフエ市の都市部の各地区で発生した生ゴミを堆肥化し，それを市内の近郊農村における農業に利用し，そこで収穫された作物はフエ市内で消費する，という地産地消・資源循環の仕組み作りを目指している．

9.3 事業の効果と課題

9.3.1 子どものエンパワーメント効果

① 物事に対する観察力・問題意識の向上

普段は何気なく見過ごしているような事実でも，具体的なテーマをもって地域を観察する機会を作ることで，その問題への気づきが可能になる．さらに模型やクレイアニメといった形で観察したことを表現しているが，それを作るためには細部にわたってその対象物・事項を理解している必要があり，子ども達は作品作りの過程でわからないことが生じた場合には何度もそれを観察しなおすということが見られた．

② 自分の地域は自分でよくしていくという意識の芽生え

表題にあげる変化の一例として，フービン地区の環境活動に参加している子ども達が，川に多くのゴミが捨てられ汚くなっているのを感じ，自ら子ども達で定期的に舟を漕いで川のゴミを拾う活動を実施していることがあげられる．またアンカイン地区では，公園作りの後，子ども達が自ら熊手を作って公園を清掃し，公園の美化が保たれるようにしている．さらに，活動中の子ども達の会話の中からもそういった意識の芽生えが随所に見えており，「自分は地域のみんなが喜ぶことをしたいと思っているんだ」とか「（地域外の大人が資源ゴミを運んでいる子ども達を見て訝しげな態度を取ったのに対し）あの人達，俺達がどんなことやっているか知らないであんなこと言っているけど，俺達はあんな人達に何を言われても関係なくやるんだ」というような発言を子ども達がしている．

③ 地域の子ども・大人どうしのつながりの強化

以前は水上生活地域と陸上に住む子ども達の間に隔たりがあり共に遊ぶことは

なかったのだが，活動に一緒に参加するようになって，初めは喧嘩ばかりだったものの今では仲の良い友達になっている．また学校に通っていなかった子も，活動の中で学校に通っている子ども達との付き合いができ，それによって学校に行くことを望んで実際に学校に通いだし，またその子が継続して通学できるようまわりの他の子ども達が精神的に支えていく様子も見られている．今までは顔見知り程度だった関係の子どもと大人も，活動への参加を通して互いに話しかける機会が増え，子ども達も「このことだったら，このおじさん／おばさんに聞けばいい」ということを理解している（筆者の観察より）．

9.3.2 大人に対する効果

地域の大人の変化としてまずあげられるのは，以前は子どもが環境改善活動に参加するのを反対していたような家族の変化である．活動開始当初は，「ゴミ分別活動＝スカベンジャー」というような差別意識により反対した家族や，「子どもが家にいないで勉強していない」という理由で反対する家庭も少なからずあったのであるが，徐々にその活動の意義に理解を示して子ども達の活動に協力し，ゴミを分別したり建設作業に労働力を提供したり，改善のためのアイディアを出したりするようになったことである（BAJ現地スタッフが直接子どもやその家族から聞いた話の記録より）．また，子どもが親の仕事を手伝っているため，以前は活動の時間になっても参加できなかったような子も，今では子どもが活動に参加できるよう，手伝いを休止させてくれる親もいる．こういった変化は，母親・父親だけに限らず，祖父母や親戚，年上の兄姉にまで見られている．

また，子どものみならず大人達にも地域を自分達の手で守っていこうという意識が見られるようになっている．例えば，過去にフービン地区で地元の政府と大学の協力により市水道の共同水栓を地域の中に取り付けたことがあったが，そのときはすべての手続きや工事を政府側が行ったため，住民は「ありがたくいただく」だけの存在であった．そのため，水道料金の未払いの問題が発生したり，誰も補修する人がなく使用できなくなったりした．一方，BAJによる水道整備事業では，子ども達を中心としながら地域の大人を巻き込んでいった結果，水道料金未払いの問題は生じておらず，さらにもっと使いやすくするために水道グループで話し合いながら改善している．また最近では，子ども達とともに作った公園や舗装道路を地域の大人達が自ら補修するという姿も見られた．さらに，以前は政

府が整備したインフラは直すのも政府であり住民側は手を出さないというのが多くの住民の態度であったが，2007年にホーチミン市アンカイン地区で行った政府による川沿いの道の拡幅工事では，工事が終了して2,3か月が経過して，道が川の干満で浸食され始めているのを住民達が発見し，それが壊れることのないように近所の人達がまとまって修復のために動き出す，というように住民達の態度そのものに変化が見られるようになった．

9.2.2項の事例1で紹介した植樹活動の関連では，植樹を実施して3年が経過した頃，テレビ局の撮影でアンカイン地区の川沿いの木の枝を一部切りたいという話が出たときや，上述の政府による川沿いの道の拡幅工事の際にも，子ども達が植えた木が切られたり折られたりすることのないよう，地域の大人達がテレビの撮影現場や拡幅工事現場を監視していた．このことから，地域の子ども達が大人を巻き込みながら作り育ててきたことによって，地域住民の中にそれを守っていこうとする意識が芽生えたことがうかがえる．

9.3.3 「共生」という視点から

上述の地域社会開発事業では，以下にあげる様々な側面での「共生」が構築されていると考えられる（図9.4）．

a. 環境との共生　環境への負荷を軽減し，資源を循環させ，その地域に住む人々の健康を大切にする居住環境作りを子ども達が中心となって実践している（ゴミの分別・リサイクル促進や堆肥化，排水整備，植樹など）．また，その実践を通して，子ども達が環境と共生していくための知識・手段・姿勢が身につき，さらに子どもから大人への働きかけを通して，大人にもそれが広がっている．

b. 異なる世代との共生
「地域が抱える課題」

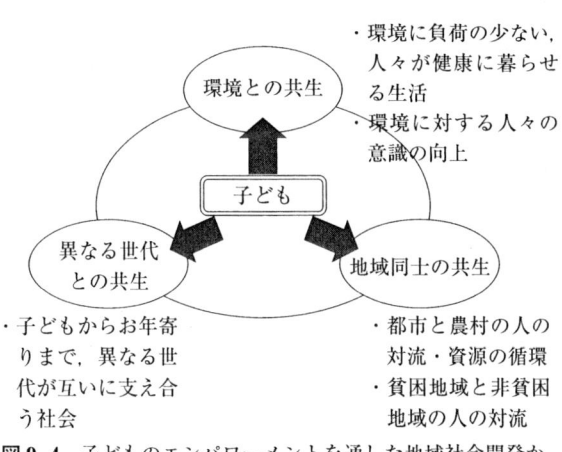

図9.4　子どものエンパワーメントを通した地域社会開発から広がる共生社会（筆者作成）

という子どもにも大人にも共通の問題に対し，子どもを中心に大人も巻き込みながら取り組んでいく活動を通して，異なる世代間の交流が促進されている．ゴミの分別回収活動では，大勢の地域の子ども達が定期的に各家を訪問しているが，子ども達の元気な声を毎週楽しみにしているお年寄りがいたり，環境活動に熱心な子ども達が安全に活動に取り組めるよう気にかけてくれる大人がいたりと，環境活動そのものが子どもと大人の交流の場となり，いろいろな世代の人達が子ども達のことを見守り，同時に子ども達から活力をもらっている．

c. **地域どうし（都市と農村／貧困地域と非貧困地域）の共生** 　子ども達が自分達の生活の中から出た生ゴミを堆肥化させ，近郊農村での農業に活用していく取組みを通して，資源や食というキーワードで都市と農村を結びつけることが実現している．さらに，そうした活動を通して都市の子ども達が農村を訪れ，農村の同世代の友達や大人と触れ合う機会が生まれることで，都市と農村間の対流が活発化し，また，都市の子ども達も農村からの供給があって都市での生活が成立していることを実感することができると期待される．また，貧困地域と非貧困地域の間には隔たりがあり，以前は貧困地域外に住む者が貧困地域の中に入っていくことはなかったのだが，子ども環境活動グループという同じ目的をもった仲間作りを行ったことで，子ども達の間には貧困地域・非貧困地域という隔たりが消え始め，非貧困地域の子どもが貧困地域の中の家に遊びに行くということが自然に生まれている．このような子ども達の変化が，将来子ども達が成長して大人になったときに，貧困地域住民と非貧困地域住民とが相互に通い合えるような社会の構築につながっていくと期待される．

9.3.4 事業の効果と課題

　BAJの両地区における活動は，活動を開始してから5年目となるが，本事業に関わるBAJの現地スタッフや大学生ボランティアのほとんどは，それまで貧困地域に足を踏み入れた経験もなく，初めは「貧困地域＝犯罪」というイメージの強い地域に入るのを怖いと感じていたスタッフ・ボランティアも少なくなく，またスタッフ・ボランティアの親から「自分の子を危険な目にあわせて」と反対されることもしばしばあった．そのような状況の中，スタッフ・ボランティアが「地域住民とともに考え学んでいく」という姿勢を常にもって，まずは子ども会（絵画クラス，空手クラス，英語クラス）の実施という形で地域に入り，そして

ゴミの分別回収を通して地域の一軒一軒の家とのつながりができ，その後，クレジット・貯金活動を通して各世帯の家計の問題にも地域住民と話し合いができるようになり，さらに主に就学クレジットを利用して学校に通うようになった子どもを対象とした毎日の補習クラスを実施して，子どもの教育について地域住民とともに取り組んでいった．このような形でほぼ毎日スタッフ・ボランティアが地域に入り地域の人々と接していく中で，地域の子どもや大人達との信頼関係を築いていき，同時にスタッフ・ボランティアがいわば潤滑油的な役割となって，地域の子どもどうし，子どもと大人，大人どうしの信頼関係をも作っていったのである．そうした過程を経たからこそ，子ども達の主体的・自発的な参加による（強制ではなく）環境活動グループというのを形成することが可能となり，その子ども環境活動グループを軸に，さらなる地域の多様な課題に取り組むことができたのである．

共生社会の営みには必ず「人」が関わるものであり，そういった事業の当事者達の間の信頼関係なしには共生社会の構築は難しい．上述のように，当事者間の信頼関係は，多岐および長期にわたる取組みがあって築かれるものであり，それゆえ，事業を実施するに当たっては長期的な観点が必要であるといえる．また，そうした時間経過の中における子ども達や地域の変化に即応した対応・対策が求められるため，事業実施者側がいかにそれに柔軟に対応していくかという点が課題としてあげられる．

筆者が貧困地域での活動を通して感じるのは，とりわけ子ども達は「学ぶこと」に意欲的であることである．とりわけ，人からもらった答よりも，子どもが自分で問題意識をもち，考え，実践したことから学び得たものは，その子にとって大きな糧となっている．それゆえ，事業実施者側は，受益者である子ども達にすぐに完璧な答を出すのではなく，できる限り子ども達の思うようにやらせてみて失敗したらその原因を考えてさらにやり直し，というプロセスを経て，子ども達が単なる知識ではなく実感できる学びを得られるようにする姿勢を常に保っていかなければならない．事業はどうしても目に見える成果物でその事業の良し悪しが判断されがちであるが，そうしたプロセスが子ども達の成長にとって，さらには共生社会の構築にとって重要であると筆者は考える．また，子どもや大人の行動・意識面での「変化」は，事業効果を考えるに当たって大切な要素であると考えるが，そういった「変化」はすぐには見えにくいものであり，継続的なモニ

タリングの実施が必要であろう.

9.4 子どものエンパワーメントを通した地域社会開発の可能性

　地域観察などを通して地域の課題を子ども達が理解し，それを視覚化して地域の大人に問題提起・協議し，さらにその改善策を視覚化させながら子どもと大人で相談して改善策を実現する，というプロセスを通して，地域の子ども・大人共に自分達で地域を良くしていくという意識が形成されると同時に，多世代にわたって地域コミュニティのつながりが強くなっている．そして，それが単にBAJ事業への住民の参加にとどまらず，住民どうしによる自発的な居住環境改善行動へと結びついていることは，共生社会の構築に向けた自立発展の兆しであると考えられる．また，子どもは「報酬」などのインセンティブで活動に参加するのではなく，「楽しい」「友達ができる」「勉強になる」といった理由や「親や近所の人達が応援してくれる」といった理由で参加し（アンカイン地区・フービン地区の10人の子どもへのインタビュー結果より），年齢の小さな子どもも大きくなると活動に加わるようになっている．活動に参加している中学生の中には，「自分がやらねば」という思いをもって活動に参加している子もおり，将来，そういった子ども達が大きくなって，共生社会の構築に向けた地域改善活動をリードするような存在になっていくことが期待される．

　都市と農村の共生に関しては，本事業ではまだ取組み期間が短いため，長期的に達成された成果とその可能性をここであげることはできないが，少なくとも，都市の子ども達が農村を訪問して，都市部にはない草花や生き物を目にし，そういった環境の中から生み出された食物で自分達が生かされていることを感じ取っており，自分達が出した生ゴミは極力土に戻していきたいという思いをもつようになった．また，これまで地域外の人の訪れがほとんどなかった農村地域にとって，都市部の子ども達がやってくることは新しい風をもたらすものであり，農家が子ども達に堆肥の話をしたり，農作物の話をしたりすることによって，子ども達は知識や経験を得ると同時に農家にとっては楽しみの一つとなっており，活力を受け取っているともいえるだろう．

　ベトナム中部クイニョン市は，アンカイン地区やフービン地区のような事業を同市でも実施することを行政側がBAJに要請し，2006年度より同様の地域社会

開発事業を展開した．クイニョン市の事業は，アンカイン地区やフービン地区の子ども達との相互訪問やインターネットによる経験交流を基盤に活動を進めている．子どもどうしの関係構築や経験の伝達は，大人やスタッフによるものよりもはるかに早く，クイニョン市での活動は行政側の理解と協力という前提の上，より時間的・人的資源の投入が少ない形で本手法が適用できるのではないかと見込んでおり，今後，共生社会構築に向けて本手法を他地域に適用していく際のモデルとなりうるであろう．

注・参考文献

1) VUFO-NGO Resource Center: Vietnam INGO Directory 2002-2003, 2002
2) The Socialist Republic of Vietnam: National Program for the Promotion of Foreign Non-Governmental Organization Assistance 2006-2010, 2006
3) 本稿は，片山恵美子，フィン ホゥイ トエ，新石正弘，束村康文：子どものエンパワーメントを通した地域社会開発への取り組み―ベトナムの貧困地域におけるNGOによる活動の事例から，国際開発学会第8回春季大会報告論文集，2007に大幅に加筆修正したものである．
4) ベトナム・ホーチミン市第2区公式ウェブサイト
http://www.quan2.hochiminhcity.gov.vn/web/tintuc/default.aspx
5) 調査結果の詳細は，特定非営利活動法人ブリッジ エーシア ジャパン：ベトナム「都市ごみに関するリサイクルプログラム確立に係る調査」に係る提案型案件形成調査，国際協力銀行，2003 参照

10. コミュニティネットワークを通したまちづくりの展開

―タイ・アユタヤの事例より―

10.1 はじめに

　本章では，タイの都市におけるコミュニティ開発の事例を紹介し，ここで適応された開発手法の可能性に着目しつつ，持続的で共生的な都市環境形成につながる方法論を検討する（2章も参照のこと）．

　まず地域の開発について見ていこう．開発とは今日その定義は複雑化しているが，一般的にいえば限定された地域環境を対象に，そこに生起する矛盾，課題を解決するために，ある意図のもとに環境を物理的に変えていくことをいう．周知のようにグローバリゼーションの進展により急速な経済成長が続くアジアの開発途上国では，大都市圏への人口，物，情報の集中による地域変容が顕著である．上海，北京，ソウル，バンコクなどの都心部では高層ビルの建設ラッシュが継続している．東京でも臨海部や都心部で同様の動きが見られる．国際的な情報ネットワークや高度な機械力を背景にした資本の投下が利潤を求めて選択的な開発を生み出し，これによる富の集積が人口の集積を呼んでいる．大都市ではあたかも地表の一部が盛り上がり隆起するような動きが次々と起こっているという印象を受ける．

　さて，こうした留まるところがないように見える都市の変容，それを直接推進している今日の「開発」をどのように考えればいいのだろうか．数十億年の地球の歴史に比べてわずか17万年間の人類史とはいえ，この百年の変化はまさに異常というほかはない．「農耕革命」，「産業革命」，「情報革命」という人類の経てきた変革もたかだか6千年の間ということであるが，限界ある地球資源を食い尽くすかのように20世紀から21世紀にかけて加速する開発のエネルギーを，どのように全体として制御していくのか．これからの百年にどのような世界を見るこ

とになるのか，一抹の不安を抱かざるをえない．

　人口の集積や開発の適地は当然のことながら常に偏在的であり，格差の拡大や貧困の増大を現象させている．国連の発表等に示されるように20世紀の初頭から今日に至るまでその差は拡大の一途をたどっている．一方で資源保全をベースとした地球環境の持続も，達成困難な状況を招きつつある．これもアル・ゴアの主張[1]を待つこともなく地球温暖化を通して確実に実感できるものになっている．実は，この巷間いわれる「格差，貧困の拡大」と「地球環境の持続性」は人間の物的な欲望に関わる「大テーマ」として，本書を通底する「国際共生」の根幹をなしている．

　数年ごとに開催されてきた環境に関する国際会議にみられるように，これまでも，開発の効果と抑制について国際的な広がりで政策の議論が繰り返しなされ，そのつど国家の役割が論じられてきた．しかし，それぞれの利権が相反する中で，国益を越えて共通の行動に移す際には常に困難が伴う．成果も部分的なものに留まり，上記のテーマに関して国際社会全体としての具体的な指針を共有するには至っていない．むしろ国益のために連合するといった，集積による規模の経済が開発の局面において一層顕著になりつつある．

　では，ここで紹介するコミュニティレベルでの「開発」や「まちづくり」はこうした変化と広がりの中でどのように位置づけられるのであろうか．

　小規模ではあるが，地域の中で組織化された人間集団が，地域に発生する日常の暮しや生活環境上の課題を主体的に解決していくというのがコミュニティ「開発」の特色である．したがってそこでの課題は基本的に個別の生活状況や地域資源の固有性に依拠し，開発の効果も内部に向いている．しかし別の見方をすると，こうした生活価値に基づく開発は，それ自体が普遍的な意味をもつことで最初から「大テーマ」を内包しているともいえよう．つまり，大きな広がりでの課題が小さな広がりでの課題と相似的に重なるのは，それらが暮しの論理を共有・内包しているからである．「もしも世界が百人の村ならば（著者不詳）」という本が示すように，あるいはシーブロック[2]が格差や貧困，産業の垂直的な構造を捉える中で，現在の世界の状況を産業革命当時のロンドンに重ねて論じるように，国際社会は実は小さな地域と，命，健康，集住などの「生活価値」を共通の尺度として直接つながっている．戦争や自然災害を除いて，通常社会全体が変局点を迎えるのは人々の暮し，住まい，仕事など日常的な生活における不満が限界に達

するときである．こうした観点からすれば，点的なコミュニティ開発やこれらの相互のつながりが拡大し展開する，つまりボトムアップ的な運動の中に新たな「大テーマ」の解決方法を模索することも重要であろう．

　アジアの大都市では，変容する都市域に埋め込まれるようにして存在するスラム地域の改善が，環境整備の重要課題となっている．20世紀後半以降の都市計画分野では，欧米で確立された「計画なきところ開発なし」という原則が主流となっている．しかし，アジアのスラムにおいてはもちろんのこと，日本の木造密集市街地においてもこの原則は適用されてこなかった．むしろ，生活実態・要求→住宅建設→インフラ施設整備→計画づくりといった，「別の計画プロセス」が実体として存在している．筆者等は，従来より行政主体で都市レベルのインフラ施設中心，産業基盤整備重視のハードな計画を「都市計画」，一方，住民主体で身近な住環境整備や関連するソフト分野を重視する計画を「まちづくり」と称し，その運動的な展開や成果に着目してきた．グローバルな市場に組み込まれて経済成長を続けているアジアの大都市では，基盤整備が人口増加に対応できず，過密化，交通混雑，郊外スプロール化など都市問題が深刻化している．

　経済的にインフォーマルセクターに依拠するスラムの環境改善は，大きな課題となっている．四半世紀にわたり公共住宅政策など様々な試みがなされてきたスラムのまちづくりであるが，近年この住民の主体的な組織化を前提とした「別の計画プロセス」が適応されている事例が多く見られ，「住み続けられるまちづくり」を保障するために有力な経験を提供している．まちづくりに関わるNGOや政府機関等の支援活動を通じて，コミュニティが主体となったスラム改善の経験の蓄積や共有化が行われているが，そこには従来の近代的な都市計画では把握できないボトムアップ型の「別の計画プロセス」が見られる．

　また，いわゆる先進国でも，用途の特化，ゾーニング，市場優先の開発，交通インフラの整備などにより都市の発展を実現してきたが，一方で画一的で特色のない街並みやエネルギー過消費型の都市への対策が課題となっており，既存ストックの活用・改善による持続可能な都市形成に向けて，これまでの近代都市計画の方法とは異なる「別の計画プロセス」が求められている．

　本章の展開は次のようになる．

　第一に，タイの低所得層の居住するコミュニティにおける自立的，参加型の開発について事例調査を実施し，プロセスを重視した開発の特徴を明らかにする．

第二に，こうしたコミュニティの開発は単独で行われるものではなく，様々な外部からのアクターの関与によって行われること，またコミュニティの連携が都市全体の改善運動につながる可能性があることから，近年試みられるようになったコミュニティ相互のネットワーク化による組織的な展開に着目し，その組織内容，組織化の過程，活動内容をみていく．

10.2　タイにおけるスラム政策の変遷

　タイの首都であるバンコクでは1960年代から1980年代の間，遠隔地などから人々が雇用機会・生活水準の向上・利便性を求めて流入するようになった．しかし，社会基盤が未発達な中で都市への莫大な人口の増加が起こった結果，住宅の不足を招く結果となり，居住条件が劣悪で家賃の安い地区や居住に不適当とされていた空き地，運河沿いなどに人口が集中しスラムが形成された．増大するスラムに対して1960年代にはバンコク都庁にコミュニティ改善事務局が設置され，強制撤去，公共住宅への移住が公共主導による主要な政策となっていた[3]．

　しかし，公共住宅供給による移転政策では，家賃がスラム居住者の人々には割高であるなどの理由により，移住してもすぐに以前住んでいたスラム地域に戻ってしまう者や，居住権の転売または貸出しをする者も現れ，結果としてスラムの増加につながった．また，スラム住宅であっても住民が努力して築いた資産であること，都市経済活動におけるスラムの役割の再評価やスラム内にも雇用の機会があることなどから，単純にそれを壊してしまうことの社会的デメリットも指摘されるようになった．このようなことから公共主導による撤去移転政策の効果も疑問視されるようになり，次第に撤去移転重視の政策からスラムの居住環境改善政策へと政策の比重を転換させていく．

　この流れを受けて，1972年に打ち出された第三次国家経済社会開発計画（1972～1976）では，10年間でバンコクからスラムを解消することが計画され[4]，1973年には内務省福祉住宅室，政府住宅銀行，バンコク都庁のコミュニティ改善事務局が合併して，国家住宅公社（National Housing Authority; NHA）が設立され，サイトアンドサービス方式，ランドシェアリングが行われるようになり，これと並行する形でスラムの居住環境整備として歩行路の整備，排水の整備，防火設備，水道やごみ処理などの環境改善事業が行われるようになった．しかし，

いずれも都市全域に膨張・拡大するスラムを前にして公共施策としては限界があり，財政的な負担も大きく期待された成果は上がらなかった．こうした公共主導の限界と，アリンスキー[5)]による社会的な統合を目的とする自立的な運動論との折衷として1980年代以降，地域資源（人的，物的）へのイネーブリングアプローチが検討されるようになる．

そして，1992年の民主化運動以降，従来のスラム政策を見直す中で，小グループを対象にしたグラミン銀行（バングラデシュ），コミュニティが抵当責任を負うCMP事業（フィリピン）など，周辺諸国の先行するマイクロクレジット融資事業にならいつつイネーブリング・エンパワーメント施策が，第七次国家経済社会開発計画のもとに打ち出される．全国を対象としたスラムコミュニティ改善策として，政府からの当初資金12.5億バーツ[注1)]によってUCDO（Urban Community Development Office）が，NHAの管理下で設置され，低所得者層の貯蓄グループを対象とした，いわば「統合型マイクロクレジット」が開始された．これにより，貯蓄グループを基盤とした住民組織の強化および住民の自立を目的とし，コミュニティの貯蓄実績による信用を担保とした住環境改善，事業・所得創設，回転資金などの融資の実施など，貯蓄グループを単位とした融資によるスラム住民の経済的自立，住民組織の組織化および強化が行われ，従来の公共主導によるスラム政策からマイクロファイナンスを基調としたエンパワーメント施策によるコミュニティ開発へと転換した．

しかし，1997年のアジア通貨危機によりローンの返済率が低下し脱退者が続出した．コミュニティ内でも未だに融資の条件が理解できていない，月々の貯蓄がコンスタントにされていない，などの問題が生じた．この状況を改善するために2000年に制定された新たな法律のもとで，UCDOが農村コミュニティの開発基金と合併してCODI（Community Organizations Development Institute）に改組された．CODIは公的機関とはいえ，独立した理事会をもち，貯蓄グループやコミュニティ，さらには単一コミュニティでは解決できない問題に対して，地域内の各コミュニティが互いに連携しながら活動に取り組むネットワークを対象に，住宅建設をはじめ住民の生活自立につながる資金の貸付けを行い，各種の情報の提供，訓練プログラムへの参加の促進を支援する活動を担っている．

今日では，タイにおけるコミュニティ開発の支援は他の開発途上国同様，NGO，CBOなど様々な団体により行われているが，その中でもCODIは全国の

およそ3万のコミュニティに関係しており，有力な組織となっている．CODIの支援するコミュニティ開発とネットワークの活動をネットワーク活動の先駆的な地域であるアユタヤの事例をもとに見ていこう．

10.3 アユタヤのコミュニティとネットワーク活動

10.3.1 アユタヤのインフォーマルコミュニティの概要

アユタヤ市（人口135,850人，2004年現在）はバンコクから北方76km，車で約1時間という立地条件にあることから，工業開発地域として発展してきた．一方，同地は歴史的に見てもアユタヤ朝の古都であることから，歴史的遺産が数多く残っている．この歴史的価値が評価され，1991年に世界遺産に指定された．近年の観光ブームに後押しされるようにアジアで有数の古都として観光客も増加し，観光産業の振興が地域経済の主要な柱となりつつある．

アユタヤ市の課題として古都の史跡保存・整備と，その周辺に点在するスラムコミュニティの環境改善があげられる．1993年に策定されたマスタープランには，基盤整備の促進，史跡の復元や景観の改善，コミュニティの開発改善が盛り込まれ，約715エーカーが歴史公園地区（史跡保存地区）に指定されている．市域の中心に位置し河川に囲まれたアユタヤ島は，その全体が従来王室と政府の土地であった．1938年に一部の土地を民間に売却しているが，大部分は現在でも財務省等の所有する公有地であり，レクリエーション地区などを民間に貸し出している．このように観光振興と結びついて全市的な都市開発，土地利用の高度化が検討される中で，行政，寺院，民間土地所有者による施設整備や土地利用更新の要請が強まり，開発圧力となって市内のインフォーマルコミュニティ[注2]に向けられている．2000年にNHA，CODIおよびNGOが都市貧困層の実態を把握するために全国の310の都市を対象に行ったスラム調査から，アユタヤでは53のインフォーマルコミュニティが住環境上問題がある地区として指定された[6]．

それらは，国有地，私有地，モスクおよび寺院の敷地内に立地しており，その多くは歴史公園地区（史跡保存地区）に立地している．アユタヤ市では遺跡を中心とした歴史公園地区（史跡保存地区）の整備に伴い，地区内のコミュニティや，地区外であっても史跡的価値の認められた指定地区のコミュニティでは，既に一部で再定住（リロケーション）が開始されている．また観光開発の進展につ

れて寺院地や私有地でのリロケーションも問題となっている．国有地，寺院所有地内に居住しているスラム，スクワッター住民の多くは，住宅の老朽化，過密化および上下水道の不備などに加えて，立退きへの対応といった住環境上の問題を抱えている．

10.3.2　アユタヤのインフォーマルコミュニティの居住特性

　アユタヤ市では，インフォーマルコミュニティのコミュニティ開発の支援を目的として条件に合ったコミュニティを登録コミュニティ[注3]と指定し，財政的な支援を実施している．2002年には都市基盤整備などの理由によりインフォーマルコミュニティの合併が行われ，2006年10月現在で48のコミュニティがインフォーマルコミュニティに指定されている．

　しかし，一方で2000年にNHA，CODIなどが実施したスラム調査により，住環境上問題があるとして指定された53のインフォーマルコミュニティの中には，アユタヤ市に登録コミュニティとして指定されていないコミュニティも存在している（図10.1）．図10.1から登録コミュニティおよび非登録コミュニティは，史跡保存地区，史跡保存地区外の島内部および島の周辺部に点在して分布している様子がわかる．登録コミュニティと非登録コミュニティの居住地の所有形態をまとめた表10.1から，アユタヤのインフォーマルコミュニティの居住特性として，国有地，寺院の所有地に多く居住していることがあげられるが，このことは観光都市としての発展をにらんだ行

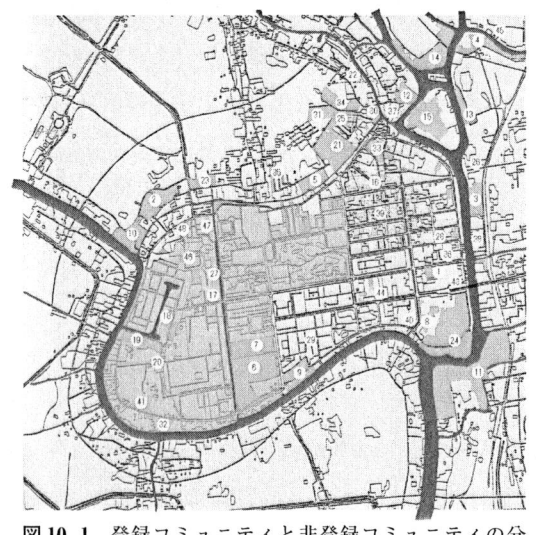

図10.1　登録コミュニティと非登録コミュニティの分布図
注：① 登録コミュニティは番号で表記しており，番号表記のない部分で灰色で記した部分は，非登録コミュニティを表している．
　　② 薄い灰色で覆われた部分は歴史公園地区（史跡保存地区）を示している．

10.3 アユタヤのコミュニティとネットワーク活動

表10.1 登録コミュニティと非登録コミュニティの居住地の所有形態

	国有地	寺院	住民の所有	国有地+寺院	国有地+住民の所有	寺院+住民の所有	国有地+寺院+住民の所有	複数の国有地+寺院+住民の所有
コミュニティ数	20	13	3	3	4	3	1	1
住宅数	2,560	1,422	362	488	474	637	110	217
居住者数	10,134	6,859※	1,785	2,255	1,870	2,895	696	392

注：1) ※住宅数が不明な一部のコミュニティの居住者数も加算している．
　　2) 土地の所有形態が不明なコミュニティは除外している．

政サイドの都市計画による立退きや，寺院周辺の環境整備などの理由により，コミュニティにとっては立退きを迫られる危険性を常にはらんでいる．加えて，登録コミュニティは，コミュニティの組織化，行政を通した外部からの融資獲得などにおいて，行政からの支援などを得ているのに対して，非登録コミュニティにおいてはそれらの支援を得ることができず，登録コミュニティと非登録コミュニティにおいて，行政の支援に差が生じている．

10.3.3 アユタヤのネットワークの組織化

アユタヤでのネットワーク活動は，アーカンソークロッコミュニティが始めた貯蓄活動が出発点となっている．1998年に住宅改善を目的とした貯蓄グループがコミュニティ内に結成された．さらに活動の拡大を支援するUCDO（当時）がネットワークの組織化を働きかけ，同コミュニティを中心として民間の高利金融業者からの借金問題および住環境問題が深刻化していた8つのコミュニティの貯蓄グループが参加してネットワーク活動が開始された．各貯蓄グループの連携により，相互の情報交換によるコミュニティ活動の知識および経験の共有，交流，地域のコミュニティ視察，道路整備などの協働作業が行われるようになった．

こうした全域的な活動が評価されて，参加コミュニティは，宮沢ファンド，SIF (Social Investment Fund) 事業，UCEA (Urban Community Environment Activities) の融資などを外部団体からも受けられるようになり，市もネットワーク活動に協力するようになった．2006年10月時点で，11のコミュニティがネットワークに参加している．

10.3.4 アユタヤのネットワーク活動

ネットワークでは，各貯蓄グループの連携による担保の強化をもとに，各コミュニティの貯蓄活動の設立および運営支援，融資活動，各コミュニティが所有している情報の交換および他地域のコミュニティ視察を実施している．近年では，住宅環境整備，歩道の整備など環境改善面で共同作業が行われるようになった．こうした活動が評価され，参加コミュニティを対象にCODIから宮沢ファンド，SIF資金などの融資も受けられるようになっている．

これらの融資または返済は，ネットワークの強化を図るためすべてネットワークを通して行われる．したがって，CODIからの融資はネットワーク加盟コミュニティに限られる．CODIからの融資はその種類によって利子は異なるが，利子を上乗せしてコミュニティに貸し与える．この追加利率および返済金の一時的プールがネットワークの活動資金となっている．ネットワーク加盟コミュニティの融資獲得状況を示した表10.2から，ネットワークから融資を受けているコミュニティは，ネットワーク加盟コミュニティおよびそこから脱退したコミュニティに限られていることがわかる．これは，CODIによるコミュニティへの資金の貸付けは，コミュニティの貯蓄グループがネットワークに加盟していることを前提としているためである．

一方で，ワットピチャイコミュニティのように，CODIからの融資を受ける条件である貯蓄グループの活動が一定期間経過していないために申請資格がないコミュニティに対しても融資貸付けが可能となっている（表10.2）．ネットワークは，融資資格の原則を保持しつつも，状況に応じて柔軟な対応をしていることが見て取れる．これは，ネットワークが貯蓄グループを核とした組織であるが，コミュニティ相互の地縁関係に基づく，柔らかな関係性を内包しているためである[7]．ネットワークでは，こうした関係性に基づき，加盟コミュニティおよび一部の非加盟コミュニティを対象としたコミュニティへの融資支援，プロジェクト実施支援，プロジェクトごとに設立されるワーキンググループによるプロジェクト支援および非加盟コミュニティへの貯蓄グループ組織化支援などを通して，各コミュニティの活動能力の向上および自立を図っている．

ネットワークを組織している各貯蓄グループは，住民個々の目的の実現をもとに組織された集団の集まりである．各コミュニティの貯蓄グループによって組織されたネットワークの組織化，その活動の実施に際しては，貯蓄グループの集団

10.3 アユタヤのコミュニティとネットワーク活動

表10.2 ネットワーク加盟コミュニティの融資獲得状況

番号	コミュニティ名	宮沢ファンド	SIF	DANCED	ネットワーク参加の有無
1	アーカンソークロッ	○	○	×	○
2	ワットサラプーン	×	×	○	脱退
3	ワットタムニヨム	×	×	×	×
4	ワットパコー	○	○	×	○
5	ワットウォンコン	×	×	×	×
6	スワンソムデ	△	○	×	○
7	シーサンペット	○	○	×	○
8	サンチャオメタプティム	△	○	×	○
9	パトーン	×	○	○	○
10	フゥアレン	△	○	×	○
11	ワットパナンチューン	×	×	×	脱退
12	ワットマハローク	×	×	×	×
13	クロンサーイ	×	×	×	脱退
14	ワットトンプー	○	○	×	○
15	ゴロイ	×	×	×	脱退
16	ワットクンセン	×	×	×	×
17	サップサミット	×	×	×	×
18	ロンガンスラー	×	×	×	脱退
19	タイクロン	×	×	×	×
20	ナープラタナック	×	×	×	×
21	ワットインタラーム	×	×	×	脱退
22	スラオーナタンナーイン	×	×	×	×
23	ワットチュンター	×	×	×	×
24	ポンペット	○	×	×	○
25	ワンゲーオ	×	×	×	×
26	ターナムワットプラドゥー	×	×	×	×
27	クロントー	×	×	×	×
28	ジャオプラム	×	×	×	×
29	バーンプラドゥーチャイ	×	×	×	×
30	ワットメーナームプルン	×	×	×	×
31	トゥンゲオグルンガオ	×	×	×	×
32	ワンチャイパッタナー	×	×	×	×
33	フアローパッタナー	×	×	×	×
34	モンクローサッパ	×	×	×	×
35	ワットグリトン	×	×	×	×
36	サンジャオポージュイ	×	×	×	×
37	ワットサンウィハーン	×	×	×	×
38	サタニーロットファイ	×	×	×	×
39	パーマプラオ	×	×	×	×
40	プラトゥジーン	×	×	×	×
41	リムワン	×	×	×	×
42	カーイハーンゴーンサパイ	×	×	×	×

43	ロッチャナ	×	×	×	×
44	ルワンポーカオ	×	×	×	×
45	バーンゴ	×	×	×	×
46	ワットプラノン	×	×	×	×
47	ワットトゥック	×	×	×	×
48	タワースクリー	×	×	×	×
	ワットスワンダララーム	×	×	×	×
	トロッカノムトゥワイ	○	○	×	○
	ワットピチャイ	△	×	×	○
	ファンスイ	×	×	×	×
	ワットタグライ	×	×	×	×

1) 宮沢ファンド，SIF，および DANCED のそれぞれの項目で，○印は融資を受けたコミュニティ，×印は融資を受けていないコミュニティ，△印は融資資格がないが，ネットワークの独自の判断により融資を受けたコミュニティをそれぞれ表している．
2) ネットワーク参加の有無の項目で，○印はネットワークに参加しているコミュニティ，脱退はネットワークを脱退したコミュニティ，×印はネットワークに一度も参加したことがないコミュニティをそれぞれ表している．

によって形成されたネットワークで活動の中心的な役割を担い，ネットワークを引っ張っていくコミュニティ，つまり「リーディングコミュニティ」の存在が必要であるといえる．

アユタヤにおいてリーディングコミュニティの役割を担っているアーカンソークロッコミュニティの住環境整備事業の事例を通して，ネットワークに支援されたスラムのコミュニティ開発について見ていこう．

10.4 コミュニティネットワークに支援されたスラムの住環境整備事業

10.4.1 アーカンソークロッコミュニティの住環境整備事業

アーカンソークロッコミュニティ（表 10.2）は，アユタヤ市の歴史的な遺構である道路に囲まれた矩形状の大きな街区の中にあり，2006 年時点で 69 戸，66 世帯約 275 人が財務省の所有地に居住している．同コミュニティの歴史はおよそ 50 年前に，火災被害を受けた住民にアユタヤ市が低所得者向け賃貸住宅を建設したことに始まる．当初，湿地帯に 1 棟 20 戸の住宅が並列に 2 棟が建設され，合計 40 世帯が入居した．やがて 1980 年代後半から各世帯の子どもが独立して世帯をもつようになると，地区中央の空き地に不法な住宅建設が始まり，その結果，住居の過密化，環境の悪化が次第に顕在化し，① 過密および劣悪な住環境

の改善，②安定した長期的賃貸契約の締結，③歩道および排水路の整備，④防災対策が長年の課題であった．

これらの問題を解決するべく，1995年に借金問題解決を目的とした貯蓄活動が開始された．次いで1998年，行政による都市整備政策の一環としてコミュニティ整備の方策が検討された際に，当コミュニティでは移住せず住み続けることを自治委員会の会議で決議している．これにより住宅の老朽過密化や湿地に建設された劣悪な衛生環境を改善しようとする機運が高まり，同年UCDOの支援により住宅改善を目的とした貯蓄口座，住宅協同組合が設立された．最終的に返済の見込みが立たないとして辞退した2世帯と移転を決めた2世帯を除き，64世帯が参加して，貯蓄活動が開始された．翌年，この活動を見習うかたちでUCDOの支援により他のコミュニティ内でも貯蓄グループが結成され，ネットワークによる活動が開始された．2000年，ネットワークでの主導的な活動が評価され，コミュニティリーダーがネットワークのリーダーに選出されたのを契機として，ネットワークとして強制撤去問題の解決，観光客の受入れ対策について積極的に市に対して働きかける取組みを実施した．

こうしたネットワークでの取組みや貯蓄活動の実績が認められ2001年，ネットワークの支援のもとCODI，NHAおよび行政から合わせて総額7,800,000バーツの事業費を獲得することとなった．これにあわせて改善計画策定では，ネットワークを通してCODIより派遣された建築家グループのコーディネートのもとに，住民の意見を直接反映させるため三つの小グループに分け，ワークショップ形式で計画案を策定し，最終的には住民の合意で策定された計画案をもとにオンサイトによる住環境整備事業を実施した．事業実施後，住民の活動に対する意識の向上が芽生え，コミュニティ活動は多様な展開をみせる．しかし，住宅ローンの返済開始とともに多数の世帯において返済額が家計の負担となり住民の2/3が返済に問題を抱えるようになる．このためネットワークへの不満や，建設を推進したリーダーへの不信が生じ，同時にコミュニティ活動も停滞するが，新リーダーの選出によりネットワークとの連携を図りつつローンの減額を行う政策の実施により，住民の2/3が返済可能になり再び活動も活発化している．

10.4.2 住環境整備における関係主体の変化

住環境整備事業における関係主体の変化は次の6つの段階に区分される（図

10.2).

第1段階：貯蓄グループの組織化．UCDOではコミュニティ内に貯蓄グループの組織化を促し，マイクロクレジットによる融資を行い，コミュニティの自立的な開発を支援してきたが，当コミュニティでも技術的な支援により貯蓄グループを結成し，まず債務の軽減のために金利の低いUCDOからの融資に切替えを行っている．これにより担保のない都市貧困層でも自力での生活改善が可能なことが実感されるようになった．この段階ではリーダーが貯蓄グループを引っ張る形で活動が行われた．

第2段階：貯蓄グループから住宅協同組合の組織化へ．住宅建設を目的として従来の貯蓄グループを母体に，ほぼ全世帯が加入する住宅協同組合が結成され，活動の主体が住宅協同組合へ移行した．同時に他のコミュニティの貯蓄グループと連携したネットワークが組織化され，当コミュニティへの支援体制が確立する．

第3段階：住宅協同組合による建設事業の推進・管理．住宅協同組合の貯蓄総額が事業実施に必要な資金を獲得できるまでになり，CODIから住宅協同組合を通して融資が行われて事業が開始される．計画策定にはCODIの支援により参加型のプロセスがとられている．住宅協同組合は建設事業の推進・管理や工事期間中3か所に分散して建設された仮設住宅の管理を行う．組合のこうした自立的な活動はコミュニティ全体のエンパワーにつながった．しかし一方，住民の中からは活動に対するヴィジョンのずれが生じ移転する住民も現れた．

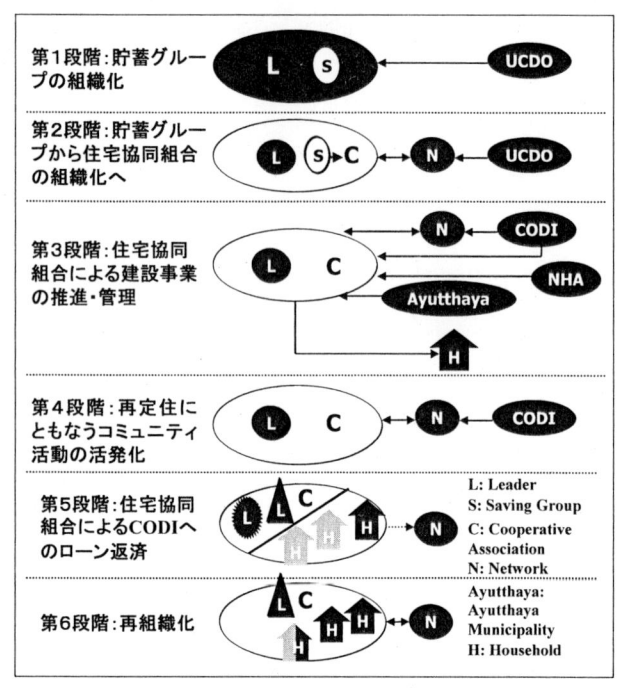

図10.2 開発における住民組織の変容プロセス

L: Leader
S: Saving Group
C: Cooperative Association
N: Network
Ayutthaya: Ayutthaya Municipality
H: Household

第4段階:再定住に伴うコミュニティ活動の活発化.住み続けられるオンサイトの住宅建設,環境整備を完成させた達成感や住民の意識向上により,コミュニティ活動は多様な展開をみせる.

第5段階:住宅協同組合によるCODIへのローン返済.住宅協同組合の役割はローンの返済へと変化し,その開始とともに多数の世帯において返済額が家計の負担となる.このためネットワークへの不満や,建設を推進したリーダーへの不信が生じ,同時にコミュニティ活動も停滞に向かう.

第6段階:再組織化段階.新リーダーが選出され,組合の活動を再評価するとともにネットワークとの連携を図りつつローンの減額を行う.既存の住民組織もこれまでの委員会組織を改組してあらたな住民の参加を促している.

10.4.3 開発のプロセスの段階的変化

コミュニティの住民組織は,ネットワーク,CODIなど外部団体との関係の中で,主体性を維持しつつ開発の局面においてその役割を担いつつ動的に変化させており,①貯蓄グループ結成による自力での債務返済,→②住宅建設,環境整備を目的として,貯蓄グループからほぼ全世帯が加入した住宅協同組合への組織替え,組合による貯蓄の推進,ネットワーク活動への参加,→③計画策定における全住民の参加と彼ら自身による実施計画案の決定,→④組合主導による建設事業の推進管理,→⑤建設完成後のコミュニティ活動の多様な展開,→⑥ローン返済の負担圧による住宅協同組合活動や貯蓄活動の不活発化,→⑦新リーダーによる組織再編,という流れにまとめられる.すなわち,住民が貯蓄活動を通じて自身での生活向上を図る「組織化段階」から,住宅建設,環境整備を目的として,貯蓄グループからほぼ全世帯が加入した住宅協同組合への「再組織化段階」,組織としてのまとまりをもとにコミュニティの環境整備,計画参画を通してコミュニティ全体の管理,運営を実践する「計画→実施・完成段階」,建設後の達成感に裏づけされたコミュニティ活動の多様な発展から転じて返済問題に追われる「展開→停滞段階」,そして返済問題の打開を足がかりにした事業後のコミュニティ活動を模索する「再組織化段階」といった,開発過程に対応した動的なプロセスが指摘できる.

10.4.4 コミュニティ開発の不連続性について

　借金問題を解決するために設立された無尽口座のみのコミュニティ活動を実施していた時期は，各住民の問題の解決を目的とした貯蓄グループによる活動が中心であった．しかし，居住環境の悪化などを契機に，住民の活動に対する目的が個々の問題を解決する活動から，コミュニティ全体の住環境整備を目的とした活動へと移行し，組織自体も住宅改善を目的とした住宅口座の開設，住宅協同組合の組織化などにより貯蓄グループから住宅建設・環境整備を目的とした住宅協同組合へと再組織化されている．

　つまり，この段階において住民個人が抱えている問題を解決するための活動から，コミュニティの住環境整備事業を目的とした活動へとその目的が移行している．この活動をCODIが支援するのであるが，同時に活動の重要性や開発意向の可能性が共通に認識される中で，同コミュニティを中心としてネットワークが組織化され，ネットワークのリーディングコミュニティとしての活動を担うことになった．このネットワークでの主導的な取組みが評価され，CODI，NHAなどの外部組織からの融資支援を受け，プロジェクトの実施が可能となった．プロジェクトの実施により住民の活動能力は向上し，様々な活動が展開されるようになる．しかし，その後CODIへの返済困難を抱える住民が続出したことにより活動は停滞するが，対応策として，新たにリーダーを選出して活動が再展開された．このことにより，コミュニティの開発および活動は連続して展開されるのではなく，そのつどの目的や目標に応じて活動が派生し展開され，ある目的を達成した後に活動が停滞するという一つのプロセスとして捉えられる．

　これは，活動がある時点で停滞していても，コミュニティ内で新たな目標が生まれるたびに組織化が行われ，必然的に活動が再開されうることになり，活動はコミュニティに依拠する限りある種の連続性を伴っていることを示している．つまりコミュニティ開発は，開発が連続的に展開されるのではなく，それぞれの開発の過程における目的や目標に応じて必然的に活動が派生し展開される．住環境整備事業など，コミュニティ住民全体が抱えている開発課題においては，コミュニティ住民が開発のそれぞれの段階に対応して組織的に活動するため，開発は連続して直線的に展開されるのではなく，各開発の過程，具体的な事業における目的や目標に応じて必然的に活動が派生し展開され，ある目的を達成した後に活動が停滞するという，コミュニティ（活動）を基盤とした不連続なプロセスとして

捉えられる．この不連続性に対応した動的プロセスを組み込んだ開発が，地域自体の持続可能性を担保する開発といえるのではないか．

　住環境整備は住まいとその周辺環境を整備するハードな事業，基盤整備などの公的事業と住民による住宅建替えの連携事業であり，社会的基礎集団としてのコミュニティが継続的な課題として「まちづくり」に組み込まれる場合において，実施される「住環境整備」事業は公的資金が投入されることにより，期限を切った取組みとなる[8]．つまり，コミュニティの自立的な維持のためにはそれ自体の基盤としての「連続性」を前提とせざるをえないが，一方，開発は時限的でありその時折のコミュニティの状況において不連続な展開を見せる．

　加えて，住民の自立的な開発によるボトムアップ型の住環境整備は，今まで見てきたようにその過程で組織的な柔軟な対応や，事業の進行とともに場合によっては段階間でのフィードバックが必要となる．こうしたプロセス重視（process-oriented）の開発方式は，住民の意向や変化する彼らの生活状況を組み込むことで，場合によればスタンダードの変更が可能となり，結果として事業の円滑な進行につながる．

10.5　ネットワーク活動に見るボトムアップ型開発の可能性

　アユタヤでのネットワークは一種の都市住民運動といえる．この活動の成立展開は，アクターとしての市，CODI，リーディングコミュニティの関係の中で捉えられる．まず市であるが，世界遺産となった歴史史跡の観光資源としての価値や，発展するバンコク都近郊地域としての産業立地条件などから，近代的な都市整備を行う必要に迫られており，とりわけ市街地では53のスラムの再定住やクリアランスが重要課題となっていた．コミュニティの組織化や登録コミュニティ制度は，こうした背景に基づいたスラムコミュニティの環境改善のための施策として位置づけられる．しかし市の役割はもともと財政的基盤が弱く，権限も限られているためネットワーク活動との関係では従属的なものに終始している．

　ネットワークの組織化はCODIにとって貯蓄グループを通したコミュニティ支援として重点的な施策となっていたが，実際にネットワークが成立するには，当該地域のコミュニティ活動において主導的な役割を果たしているリーディングコミュニティの存在が不可欠であり，その働きがネットワーク設立の直接的な原

動力となっている．当初CODIはリーディングコミュニティを通して，これとともにネットワークの組織化を推進している．この協働関係は，またリーディングコミュニティにとって懸案である住環境整備を行う上で好条件となり，NHAによるインフラ整備や行政の支援を得ることにつながった．この意味でCODIとリーディングコミュニティとは相互的な関係にある．

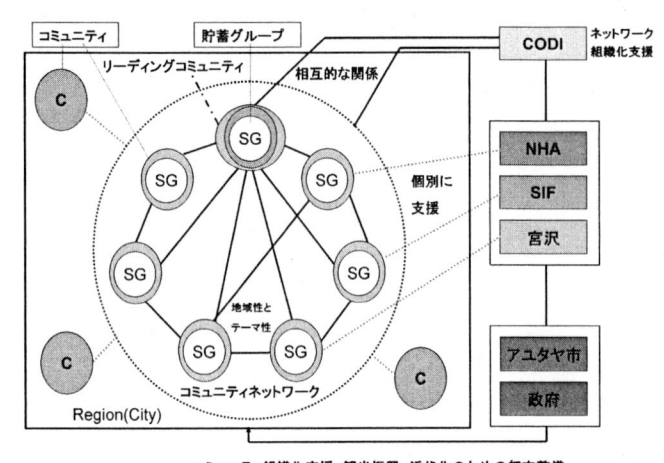

図 10.3　リーディングコミュニティとネットワークの相互性

ネットワークは，地縁性およびテーマ性に内包された各コミュニティの貯蓄グループを単位として構成されている[9]．これらの集団によって形成されたネットワークが活動を実施していくためには，ネットワークの活動全体を引っ張っていくリーディングコミュニティの存在が必要である．つまり，リーディングコミュニティが貯蓄グループの集まりであるネットワークを牽引していくことで，ネットワークを通して外部組織からの融資支援，人的支援などの獲得が可能となり，結果としてネットワーク活動の展開および活動能力の向上が図られる相関的な関係が見られる．ネットワーク活動は，プロジェクトの実施を可能とし，住民のエンパワーメントや，目的に対応した貯蓄グループの設立による起業活動など，新たな活動の展開につながる．また，その効果はネットワーク加盟コミュニティのみだけではなく，地域（都市）全体の活動へ波及する可能性を有している（図10.3）．

都市域に分散する加盟コミュニティ内の貯蓄グループにより組織されたネットワーク活動が，社会的なアピールにより一定の権力を有するようになると，全市的な都市政策にも影響を与えるようになる．ネットワーク活動は広範な都市危機（この場合は観光都市化に対応した強制撤去の危機）に対する一連の反応が地域的基盤に収斂する運動として現象し，単なる政治的運動ではなく，都市危機の社

会的経済的側面に対する反応として展開されている．

以上のように，CODI に支援された貯蓄グループの水平的組織化，リーディングコミュニティの存在，行政や NHA，外部資金援助団体の支援によって，ネットワーク活動は地域（都市）全体のボトムアップにつながる可能性を有する運動体となっている．こうしたネットワークからコミュニティ開発にいたる一連の構造的関係性は，持続的で共生的な都市環境形成に繋がるものと考えられる．

注・参考文献

注1) 2008 年 5 月 16 日現在，1 バーツ 3.22 円．
注2) インフォーマルコミュニティとは，アユタヤ市によって住環境上・都市環境上，政治上問題があると指定されたコミュニティを指す．
注3) 登録コミュニティの条件は，住民が居住エリアに長く居住し住民の選挙によって選出された委員会があり，行政と協力関係を維持していること，20 から 50 戸で構成されていること，地区の区分が明確であること，貯蓄グループや起業グループなどが組織化され，コミュニティ活動が盛んであること，などである．

1) Gore, A.: An Inconvenient Truth, 2006
2) Seabrook, J.: Cities, Fernwood Publishing, 2007
3) 新津晃一：第 9 章スラムの形成過程と政策的対応，大阪私立大学経済研究所，田坂敏雄編，「アジアの大都市 1 バンコク」，日本評論社，p. 269, 1998
4) 佐々木康彦：タイ・アユタヤにおけるコミュニティネットワーク活動に関する研究．東洋大学大学院国際地域学研究科修士論文，p. 8, 2003
5) 平山洋介：コミュニティ・ベースト・ハウジング―現代アメリカの近隣再生―，ドメス出版，1993
6) UCDO: update No, 2, October 2000, UCDO, p, 18, 2000
7) 藤井敏信，佐々木康彦：共生に向かうコミュニティネットワーク―タイの事例より―，東洋大学国際共生社会研究センター編，国際環境共生学，朝倉書店，p. 145, 2005
8) 佐藤圭二：住環境整備 街直しの理論と実践，鹿島出版会，2005
9) 佐々木康彦：タイ・アユタヤにおけるコミュニティネットワーク活動に関する研究．東洋大学大学院国際地域学研究科修士論文，p. 51, 2003.
10) 秋谷公博，藤井敏信：コミュニティを対象にした住環境整備のプロセスに関する研究―アユタヤ・アーカンソークロッコミュニティの事例より―，「都市計画論文集」，No. 40-3, pp. 733-738, 2005
11) 秋谷公博：コミュニティネットワークに支援されたスラムの住環境改善事業における開発のプロセスに関する研究．東洋大学大学院国際地域学研究科博士論文，2007

東洋大学国際共生社会研究センターについて
Center for Sustainable Development Studies, Toyo University

センター長　北脇秀敏

　本書は,『環境共生社会学』(平成16年刊行,朝倉書店)および『国際環境共生学』(平成17年刊行,朝倉書店)とともに,東洋大学国際共生社会研究センターがこれまで行ってきた活動の成果をまとめたものです.

　東洋大学国際共生社会研究センターは,文部科学省の私立大学学術研究高度化推進事業であるオープン・リサーチ・センター整備事業として平成13年度に東洋大学大学院国際地域学研究科に設置され,活動を終了する予定の平成20年度末まで8年間研究を継続することになっています.センターでは研究を行うと同時に「研究者の養成,高度専門職業人の養成,研究成果の公開」を目標にして一貫した活動を行ってきました.研究プロジェクトとしては発足当初の平成13年度には3つのプロジェクト「アジア大都市圏地域を対象とした定住環境の形成・整備に関する研究」,「環境共生社会論に関する研究」,「地域開発データベースと計画・評価シミュレータの開発・整備」を設定し,5年間活動を行いました.

　その後平成18年度に組織改正を行い,研究プロジェクト「環境共生社会の形成方策とその新たな展開」が設定されました.それまでの3つのプロジェクトは「課題1:環境共生社会の形成方策の研究」として集約され,これまでの研究路線を継承して,さらに深く研究を進めるために環境共生社会形成手法の基礎的な研究を行うと同時に,個々の課題を応用的に研究する体制をとっています.これに加え,平成18年度からの新たな取り組みとして「課題2:国際共生社会形成のための新たなパラダイムに関する研究」を設定し,複雑さを増す国際社会において対応を迫られる重点要支援段階の国々や重点要支援地域に関する研究を行ってきました.その中では「紛争終結国などの変遷・移行期における共生社会実現のための研究」においてカンボジアや東ティモールなどの紛争後の混沌から変遷段階を経て発展段階へと移行する国の支援を行ってきました.また「重点要支援地域における共生社会実現のための研究」においてアフリカ地域の支援や途上国

の農村開発に関する研究を行っています．

　東洋大学国際共生社会研究センターが発足してからはや7年が経ちました．これまでセンターの活動を発展させてこられたのは，関係各位のご理解とご協力とがあればこそと感謝しております．この場を借りて，厚く御礼申し上げます．

平成20年7月

東洋大学国際共生社会研究センターの7年間の歩み

平成13年（2001年）11月
センター設立．センター長：松尾友矩（東洋大学国際地域学研究科委員長；現，学長）

平成14年（2002年）3月
国内ワークショップ「板倉のまちづくりから世界へ——地域の潮流・世界の潮流—」の開催

平成14年7月
国際シンポジウム「開発政策における国際化と地域主義」の開催．講演者：長谷川祐弘（国連開発計画ジュネーブ事務所　紛争予防と復興担当特別顧問／東洋大学客員教授），Elizabeth Lwanga（国連開発計画駐スワジランド代表／国連スワジランド常駐調整官），佐藤光夫（第一生命経済研究所特別顧問／前アジア開発銀行総裁），松尾友矩（東洋大学国際共生社会研究センター長）

平成14年7月
国際ワークショップ「開発政策に関するワークショップ」の開催．講演者：長谷川祐弘（UNDP・ジュネーブ），Elizabeth Lwanga（UNDP・スワジランド）

平成14年11月
公開講座「地域と世界を結ぶ環境教育」の開催

平成14年12月
タイ・AITとの国際ワークショップ「Multi-habitationに関するワークショップ」の開催．講演者：Prof. A. T. M. Nurul Amin（AIT），Dr. Ranjith Perera（AIT），Mr. Pastraporn Meesiri（King Mongkut Institute of Technology Lad Krabang），Dr. Kundoldibya Panichpakdi（Chulalongkorn University），Dr. Boonyong Chunsuvimol（Chulalongkorn University）等

平成15年（2003年）2月
国内ワークショップ「発展途上国における地域開発のガイドライン」の開催

平成15年2月
国内ワークショップ「グローバル化する華人社会・チャイナタウン」の開催

平成15年7月
国際シンポジウム「貧困の削減戦略—現在と将来—」の開催．講演者：大森功一・佐々木仁美（世界銀行東京事務所広報担当官），Peter McCawley（アジア開発銀行研究所・所長），富本幾文（国際協力事業団企画・評価部次長），熊岡路矢（日本国際ボランティアセンター代表理事），Md. Azahar Ali Pramanik（バングラデシュ・飲料水供給と衛生に関するNGOフォーラム監督官），坂元浩一（東洋大学国際共生社会研究センター研究員）

平成15年7月
国際ワークショップ「開発の実態とアカデミズムの貢献に関するワークショップ」の開催

平成15年12月
　国際ワークショップ「持続可能な居住環境形成に関するワークショップ」の開催
平成16年（2004年）1月
　国内ワークショップ「持続可能な地域開発に向けて」の開催
平成16年1月
　国内ワークショップ「サステイナビリティの定義を求めて」の開催
平成16年2月
　東洋大学国際共生社会研究センター編『環境共生社会学』（朝倉書店）刊行
平成16年7月
　国際シンポジウム「環境共生社会の構築に向けて」．講演者：松尾友矩（東洋大学学長・東洋大学国際共生社会研究センター長），ステファン・ワード（オックスフォード・ブルックス大学教授），デービッド・ショウ（リバプール大学教授），ブンヨン・チンスイモン（チュラロンコン大学助教授），竹村牧男（東洋大学教授），藤井敏信（東洋大学教授・東洋大学国際共生社会研究センター研究員）
平成16年7月
　国際ワークショップ「環境共生社会の課題と政策」の開催
平成16年11月
　公開講座「日本とアジアを結んで」の開催
平成16年12月
　タイ・AITとの国際ワークショップ「貧困削減のための混住アプローチに関するワークショップ」の開催
平成17年（2005年）1月
　国内ワークショップ「持続可能な発展と地方自治における政策形成とシミュレーション」の開催
平成17年1月
　国内ワークショップ「持続可能な社会開発—観光の視点から—」の開催
平成17年8月
　東洋大学国際共生社会研究センター編『国際環境共生学』（朝倉書店）刊行
平成17年9月
　国際シンポジウム「国際協力のニューパラダイムに向けて」の開催．講演者：塩川正十郎（東洋大学総長），長谷川祐弘（国際地域学研究科客員教授，国連事務総長特別代表），ラモス・ホルタ（東ティモール民主共和国外務・協力上級大臣，1996年ノーベル平和賞受賞者），北脇秀敏（東洋大学国際地域学研究科委員長）
平成17年9月
　国内ワークショップ「国際協力における現状と課題」の開催
平成17年12月
　公開講座「世界の経験をふるさとに」の開催
平成18年（2006年）4月
　センター継続決定（平成21年3月末まで）．センター長：北脇秀敏（東洋大学国際地域学研究科委員長）
平成18年7月
　国際共生社会研究センター継続記念講演会「国際共生社会研究センターの今後の研究活動」の開催
平成18年11月
　国際シンポジウム「開発途上国の村落開発と適正技術」の開催．講演者：北脇秀敏（東洋大学国際共生社会研究センター長），吉永健次（東洋大学国際

地域学部教授),デイビット・グラムショー(ニューテクノロジー・プログラム インターナショナル・チームリーダー),北中真人(国際協力機構農村開発部第3グループ長),新石正弘(ブリッジ・エーシア・ジャパン事務局長)

平成19年(2007年)2月
ワークショップ「環境共生社会の形成方策の新方向」の開催

平成19年2月
公開講座「地域の活性化と観光計画の位置づけ-美しく豊かな地域を創るために」の開催

平成19年7月
国際シンポジウム「環境共生社会の交通まちづくり」の開催.講演者:太田敏信(東洋大学国際共生社会研究センター研究員),ジョージ・ヘイゼル(英国ロバート・ゴードン大学名誉教授,OBE受勲者),中村ひとし(ブラジル・クリチバ市元環境局長,ジャイメ・レルネル研究所環境コンサルタント)

平成19年7月 第一回公開セミナー「持続可能な地域づくりのモデル作成と観光開発」の開催

平成19年11月
第二回公開セミナー「ベトナムにおける都市と農村の共生をめざした取り組み」の開催

平成19年12月
ワークショップ「アジア都市におけるコミュニティ開発の諸相」の開催

平成20年(2008年)2月
ベトナム・UITとの国際ワークショップ「ベトナム・メコンデルタにおける持続可能な地域開発に関するワークショップ」の開催.講演者:金子彰(東洋大学国際共生社会研究センター研究員),張長平(東洋大学国際共生社会研究センター研究員),薄木三生(東洋大学国際共生社会研究センター研究員),Prof. Le Quang Minh (Vice President of VNU-HCM), Prof. Nguyen An Nien (President of VAFM, Director of IOWR), Prof. Nguyen Tat Dac (SIWRP, Ministry of Agr. and Rural Develop.), Prof. Tran Vinh Phuoc, Prof. Nguyen Phi Khu (Head of Depart. of UIT-SMIC), Prof. Vo Van Sen (Rector, University of Humanity and Social Sciences)

索引

欧文

ANTA　113
ASEAN 諸国　72
BOT　60, 61
CBD　89
CBO　12, 150
CLD　59
CODI　27, 150, 154, 160
EU　72, 73, 99
　――の地域政策　74
FAO　91
GMS　74
HIV/エイズ　100, 103
IMF　102
Interreg III　74
IUCN　88
JATA　112, 113
KJ 法　57
MDGs　100
NGO（団体）　130, 150
NHA　26, 149, 160
SD　53, 64
SIF 事業　153
SimTaKN　53, 55
SWOT 分析　75
TRIPS　97
UCDO　27, 150, 153
UNDP　38
WATSON Committee　12
WIN-WIN　82
WIPO　90
WWF　88

あ行

アジア開発銀行　76, 84
アーバンビレッジ運動　24
アフリカ　38
アユタヤ市　151

遺贈価値　97
遺伝資源　91

イネーブリングアプローチ　150
イボ人　45
イメージモデリング　61, 62
因果ループ図　59, 60
インナーシティ　23
インフォーマルコミュニティ　151
インフラ　84

ウガンダ　41

衛生教育　13
エコシステム　86, 95
エコシステム・アプローチ　87
エコシステム・サービス　92
エゼ　45
エンパワーメント　27, 35
　子どもの――　130

オプション価値　96
オープンアクセス　122

か行

海外旅行者倍増計画　107
改革開放政策　77
改善策の視覚化　135, 136
開発途上国　102
回廊　76
課題の視覚化　134, 135
ガーナ　41
環海圏　74
環境教育　132
環境共生　37, 141
環境利用　37
観光立国推進基本法　106
環バルト海圏　73, 75

供給サービス機能　93
共同体　72
居住環境・衛生改善　132

国をまたぐ協力　74
グラミン銀行　27, 150
軍事的緊張　77

経口補水塩　15
経済効果　82
系統樹法　57
ケイパビリティ　94
下痢症　14

公共交通サービス　116
公共交通政策　118
公共財　96, 116
公共サービス義務　118
公共性　117
構造分離　120
交通環境政策　126
行動変容　13
国際金融基金　102
国際下痢研究所　15
国際自然保護連合　88
国内旅行市場　109
国民経済計算統計　65
国民国家　38, 40, 72
国連開発計画　38
国連食糧農業機関　91
国連ミレニアム開発目標　100
国家住宅公社　26, 149, 160
国境　72
　――の障壁　78
　――を越えた協力　74
　――をまたぐ地域開発　74, 78
子どものエンパワーメント　130
コミュニティ　24
コミュニティ改善事務局　149
コミュニティ開発　146, 147, 156
コミュニティ解放論　25
コミュニティ活動　157
コミュニティ視察　154

コミュニティ喪失論　25
コミュニティ存続論　25
コミュニティ抵当事業　27
コミュニティネットワーク　28, 29
コミュニティビジネス　30
コミュニティリーダー　157
コモン財　88
コンフリクト・マネージメント　49

さ 行

サイクロン　6
サイクロンシェルター　6
サイトアンドサービス方式　149
サニテーション　7
サブカルチャー　49
サプライチェーン　18
産業革命　22, 146
産業連関表　65

ジェントリフィケーション　23
視角化
　改善策の――　135, 136
　課題の――　134, 135
時系列変化図　60, 61
資源循環　138
市場の失敗　120
自助型開発　33
システム思考　54, 59
システムダイナミクス　53, 64
持続可能な開発（発展）　74, 82, 101
自治体・地方政府間の交流　83
シミュレーション　53
市民革命　22
社会運動　33
住環境整備　157, 161
宗教対立　37
住宅協同組合　158
首長位　44
使用価値　95
商業化　18
上下分離　122
称号結社　48
情報革命　146
植民地支配　39
自立発展　144
「人工社会」　69

親和図法　57

水上便所　5
スウェーデン国鉄　122
スウェーデン鉄道庁　122
スクワッター　13
スクワッター住民　152
ステップバイステップ　59
ストーリー化　56
スプロール現象　23
スラム（地域）　148, 149
スラムコミュニティ　161

制御・調整サービス機能　93
「成長の限界」　54
制度的補完性　121
生物多様性　86, 95
世界自然保護基金　88
世界知的所有権機構　90
世界貿易機構　86
セービンググループ　27
全国参照モデル　65, 66, 68
全国旅行業協会　113

相互補助　118
ソシオ・エコノミー　124
ゾーニング　148
存在価値　96

た 行

対岸諸地域との交流　81
第2東西回廊　76
堆肥化　138
大メコン圏　74, 76
多文化共生（社会）　37, 38
多文化主義　38, 41
多民族共生（社会）　37, 38
溜め池　5

地域安定化（性）　72, 82
地域化　124
地域開発　72
　国境をまたぐ――　74, 78
　ボトムアップ型の――　73
地域観察　134, 135
地域社会　50
地域政策（EUの）　74
地域どうしの共生　142
地域モデル　55
地下水中のヒ素問題　9

中国辺境開放地区　74, 77
貯蓄グループ　154, 158, 163

適正技術　15
伝統的権威者　41

統合型マイクロクレジット　150
東西回廊　76, 84
登録コミュニティ　152
都市と農村の連携　137
土着の知恵　17
トップダウン型　33
ドーナツ現象　23
図們江開発　78

な 行

ナイジェリア　38, 42
内部補助　118
生ゴミ減量化　138
南北回廊　76

日本旅行業協会　112, 113
人間開発　38

ネットワーク　32
ネットワーク活動　159, 161

農業・環境規則　99
農耕革命　146
農村開発　37
農村の活性化　138

は 行

パーソナルネットワーク　26
パッケージツアー　106, 109
バリ　4
バングラデシュ　2

ビジネス・エコノミー　124
非使用価値　95
ヒ素問題（地下水中の）　9
貧困削減　101
貧困地域　131

付加価値　82
福祉国家（緑の）　126
プライマリ・ヘルスケア　7
文化サービス機能　93

便益フロー　93, 95

北東アジア　73
　──の安定　84
ボトムアップ　84, 148
ボトムアップ型　33
　──の地域開発　73

ま　行

マイクロクレジット　16
マイノリティ　38, 40
マトリクス法　58
マルチエージェントモデル　69

水供給　9

緑の福祉国家　126
宮沢ファンド　153
ミレニアム開発目標　10
民族対立　37

免許入札制　124

モスク　4
モデリング　53
モデル方程式　62
モンスーンシーズン　3

や　行

輸出加工区　76, 78

余剰パンフレット回収　113

ら　行

ランドシェアリング　149

リサイクル　137
リーディングコミュニティ
　156, 162
利用可能性　116
旅行斡旋業法　107
旅行業代理店　108
旅行パンフレット　109
リングラトリン　11

国際共生社会学

2008年8月25日 初版第1刷	
2009年9月25日 第2刷	

定価はカバーに表示

編　者　東洋大学国際共生
　　　　社会研究センター

発行者　朝　倉　邦　造

発行所　株式会社　朝倉書店
　　　　東京都新宿区新小川町 6-29
　　　　郵便番号　162-8707
　　　　電　話　03(3260)0141
　　　　ＦＡＸ　03(3260)0180
　　　　http://www.asakura.co.jp

〈検印省略〉

© 2008〈無断複写・転載を禁ず〉　　シナノ・渡辺製本

ISBN 978-4-254-18031-2　C 3040　　Printed in Japan

最新刊の事典・辞典・ハンドブック

書名	編著者	判型・頁数
元素大百科事典	渡辺　正 監訳	B5判 712頁
火山の事典（第2版）	下鶴大輔ほか3氏 編	B5判 584頁
津波の事典	首藤伸夫ほか4氏 編	A5判 368頁
酵素ハンドブック（第3版）	八木達彦ほか5氏 編	B5判 1008頁
タンパク質の事典	猪飼　篤ほか5氏 編	B5判 1000頁
時間生物学事典	石田直理雄ほか1氏 編	A5判 340頁
微生物の事典	渡邉　信ほか5氏 編	B5判 700頁
環境化学の事典	指宿堯嗣ほか2氏 編	A5判 468頁
環境と健康の事典	牧野国義ほか4氏 著	A5判 576頁
ガラスの百科事典	作花済夫ほか7氏 編	A5判 696頁
実験力学ハンドブック	日本実験力学会 編	B5判 660頁
材料の振動減衰能データブック	日本学術振興会第133委員会 編	B5判 320頁
高分子分析ハンドブック	日本分析化学会高分子分析研究懇談会 編	B5判 1264頁
地盤環境工学ハンドブック	嘉門雅史ほか2氏 編	B5判 584頁
サプライ・チェイン最適化ハンドブック	久保幹雄 著	A5判 520頁
口と歯の事典	高戸　毅ほか7氏 編	B5判 436頁
皮膚の事典	溝口昌子ほか6氏 編	B5判 388頁
からだの年齢事典	鈴木隆雄ほか1氏 編	B5判 528頁
看護・介護・福祉の百科事典	糸川嘉則 総編集	A5判 676頁
食品技術総合事典	食品総合研究所 編	B5判 612頁
日本の伝統食品事典	日本伝統食品研究会 編	A5判 648頁
森林・林業実務必携	東京農工大学農学部編集委員会 編	B6判 464頁

価格・概要等は小社ホームページをご覧ください．